Karl-Dirk Kammeyer | Peter Klenner | Mark Petermann

Übungen zur Nachrichtenübertragung

Aus dem Programm Nachrichtentechnik

Nachrichtenübertragung
von K.-D. Kammeyer

Digitale Signalverarbeitung
von K.-D. Kammeyer und K. Kroschel

Grundlagen der Informationstechnik
von M. Meyer

Kommunikationstechnik
von M. Meyer

Signale und Systeme
von R. Scheithauer

Grundlagen der Kommunikationstechnik
von H. Weidenfeller

Information und Codierung
von M. Werner

Nachrichtentechnik
von M. Werner

Nachrichten-Übertragungstechnik
von M. Werner

www.viewegteubner.de

Karl-Dirk Kammeyer | Peter Klenner | Mark Petermann

Übungen zur Nachrichtenübertragung

Übungs- und Aufgabenbuch

Mit 107 Abbildungen und 15 Tabellen

STUDIUM

Bibliografische Information der Deutschen Nationalbibliothek
Die Deutsche Nationalbibliothek verzeichnet diese Publikation in der
Deutschen Nationalbibliografie; detaillierte bibliografische Daten sind im Internet über
<http://dnb.d-nb.de> abrufbar.

Das in diesem Werk enthaltene Programm-Material ist mit keiner Verpflichtung oder Garantie irgendeiner Art verbunden. Der Autor übernimmt infolgedessen keine Verantwortung und wird keine daraus folgende oder sonstige Haftung übernehmen, die auf irgendeine Art aus der Benutzung dieses Programm-Materials oder Teilen davon entsteht.

Höchste inhaltliche und technische Qualität unserer Produkte ist unser Ziel. Bei der Produktion und Auslieferung unserer Bücher wollen wir die Umwelt schonen: Dieses Buch ist auf säurefreiem und chlorfrei gebleichtem Papier gedruckt. Die Einschweißfolie besteht aus Polyäthylen und damit aus organischen Grundstoffen, die weder bei der Herstellung noch bei der Verbrennung Schadstoffe freisetzen.

1. Auflage 2009

Alle Rechte vorbehalten
© Vieweg+Teubner | GWV Fachverlage GmbH, Wiesbaden 2009

Lektorat: Reinhard Dapper | Walburga Himmel

Vieweg+Teubner ist Teil der Fachverlagsgruppe Springer Science+Business Media.
www.viewegteubner.de

Das Werk einschließlich aller seiner Teile ist urheberrechtlich geschützt. Jede Verwertung außerhalb der engen Grenzen des Urheberrechtsgesetzes ist ohne Zustimmung des Verlags unzulässig und strafbar. Das gilt insbesondere für Vervielfältigungen, Übersetzungen, Mikroverfilmungen und die Einspeicherung und Verarbeitung in elektronischen Systemen.

Die Wiedergabe von Gebrauchsnamen, Handelsnamen, Warenbezeichnungen usw. in diesem Werk berechtigt auch ohne besondere Kennzeichnung nicht zu der Annahme, dass solche Namen im Sinne der Warenzeichen- und Markenschutz-Gesetzgebung als frei zu betrachten wären und daher von jedermann benutzt werden dürften.

Umschlaggestaltung: KünkelLopka Medienentwicklung, Heidelberg
Druck und buchbinderische Verarbeitung: Krips b.v., Meppel
Gedruckt auf säurefreiem und chlorfrei gebleichtem Papier.
Printed in the Netherlands

ISBN 978-3-8348-0793-9

Vorwort

Das vorliegende Buch ergänzt das im Vieweg+Teubner Verlag erschienene Lehrbuch „Nachrichtenübertragung" von K.-D. Kammeyer [Kam08] und soll Studenten sowie interessierten Lesern die Möglichkeit geben, anhand von ausgewählten Aufgaben das vermittelte Wissen über Methoden der Nachrichtentechnik zu vertiefen. Immer wiederkehrende Anfragen nach einem ebensolchen Aufgabenbuch haben den Anstoß dafür gegeben, aus dem Fundus der über die Jahre im Lehrbetrieb entstandenen Übungs- und Klausuraufgaben eine repräsentative Untermenge auszuwählen und mit kommentierten Lösungen zu versehen. Das Fundament dieser breitgefächerten Sammlung, die sich über analoge und digitale Modulationstechniken erstreckt, bilden somit die Vorlesungen über die Nachrichtentechnik im Grund- und Hauptstudium an der Universität Bremen.

Die Struktur des Buches orientiert sich eng an dem Lehrbuch, dessen Gliederung in vier Teile mit den dazugehörigen Kapiteln identisch übernommen worden ist. Nach dem in die klassische Systemtheorie einführenden ersten Teil liegt der Schwerpunkt des zweiten Teils bei der analogen Übertragungstechnik, während der dritte und vierte Teil moderne Konzepte der digitalen Übertragung und Mehrantennentechniken behandeln. Jedes Kapitel beinhaltet eine Anzahl aufeinanderfolgender Aufgaben sowie die daran anschließenden kommentierten Lösungen. Die Aufgaben sind so konzipiert, dass auf Computerunterstützung zur Lösung verzichtet werden kann. Das Thema der Computersimulation nachrichtentechnischer Systeme, heutzutage ein unerlässliches Hilfsmittel in der Entwicklung von Algorithmen und Systemen, wird ausführlich an anderer Stelle im Buch „Matlab in der Nachrichtentechnik" von K.-D. Kammeyer und V. Kühn [KK01] behandelt, das im J. Schlembach

Fachverlag erschienen ist.
Trotz großer Sorgfalt während der Umsetzung des Manuskripts, trotz des langen Zeitraums, in dem die Aufgaben an Studenten getestet wurden, und wegen der großen Aufgabenmenge sind Fehler nicht auszuschließen. Hinweise, Anmerkungen und Fragen können an die eMail-Addresse ntueb@ant.uni-bremen.de gerichtet werden. Bekannte Fehler werden in einer Errata-Liste auf der Webseite http://www.ant.uni-bremen.de unter der Rubrik /Bücher aktualisiert.

Danksagung

Es verbleibt, einen Dank an all diejenigen auszusprechen, die an der Entstehung dieses Aufgabenbuches mitgewirkt haben. Die zugrundeliegende Aufgabensammlung haben mehrere Generationen wissenschaftlicher Mitarbeiter an der TU Hamburg-Harburg und seit 1995 an der Universität Bremen geschaffen. Neben den Mitarbeitern der ersten Stunde, die den Grundstein gelegt haben, gilt unsere Wertschätzung insbesondere den Kollegen Dr.-Ing. Heiko Schmidt, Dipl.-Ing. Martin Feuersänger und Dr.-Ing. Ansgar Scherb, deren Verantwortung für die Betreuung der Vorlesung und des Lehrbuches „Nachrichtenübertragung" von den Zweitautoren übernommen worden ist. Ihr Erfindungsreichtum beim Erstellen von Klausuraufgaben stellt eine wichtige Basis für die nun vorgelegte Aufgabensammlung dar. Weiterhin danken wir Frau Dipl.-Ing. Petra Weitkemper und Herrn Dipl.-Ing. Henning Paul, die zur Ausarbeitung neuer Aufgaben gerne bereit waren.

Bremen, im Dezember 2008

Karl-Dirk Kammeyer, Peter Klenner, Mark Petermann

Inhaltsverzeichnis

I Signale und Übertragungssysteme

1 Systemtheoretische Grundlagen   **1**
    1.1 Eigenschaften der Hilberttransformation 1
    1.2 Äquivalente Tiefpass-Darstellung von Bandpass-Signalen . 2
    1.3 Direktmischende Empfängerstruktur 2
    1.4 Äquivalente Tiefpass-Darstellung eines Rauschprozesses . 3
    1.5 Lösungen 4

2 Eigenschaften von Übertragungskanälen   **13**
    2.1 Nyquistfilter 13
    2.2 Nichtlineare Verzerrungen bei amplitudenbegrenzten Signalen 14
    2.3 Mehrwegeausbreitung 15
    2.4 Doppler-Einflüsse bei Mobilfunkübertragung 16
    2.5 Lösungen 16

II Analoge Übertragung

3 Analoge Modulationsverfahren   **25**
    3.1 Einseitenbandsignal 25
    3.2 Komplexe Einhüllende analoger Modulationsformen . . . 26
    3.3 Spektren analoger Modulationsformen 27
    3.4 AM-Übertragung 27
    3.5 Dimensionierung eines FM-Signals 28
    3.6 FM-Übertragung eines Dreiecksignals 29
    3.7 Lösungen 30

4	**Einflüsse linearer Verzerrungen**	**37**
4.1	Schmalband-FM	37
4.2	AM mit frequenzversetztem Empfangsfilter	37
4.3	Lösungen	38

5	**Additive Störungen**	**45**
5.1	Sinusförmiger Störer bei FM-Übertragung	45
5.2	Rauschstörung	46
5.3	Lösungen	46

6	**Zwei Systembeispiele für analoge Modulation**	**51**
6.1	UKW-Stereo	51
6.2	Lösungen	52

III Digitale Übertragung

7	**Diskretisierung analoger Quellensignale**	**55**
7.1	Sigma-Delta-Modulator	55
7.2	Sigma-Delta-A/D-Wandler	56
7.3	Pulsamplituden-Modulation (PAM)	56
7.4	Lineare Prädiktion (DPCM)	57
7.5	Lösungen	58

8	**Grundlagen der digitalen Datenübertragung**	**67**
8.1	Leistungsdichtespektrum eines Datensignals	67
8.2	Erste und zweite Nyquist-Bedingung	68
8.3	Maximierung des S/N-Verhältnisses durch das Matched Filter	69
8.4	Partial-Response-Code durch Matched Filterung	70
8.5	Leistungsdichtespektrum einer AMI-Codierung	71
8.6	Lösungen	72

9	**Digitale Modulation**	**83**
9.1	Komplexe Einhüllende von Modulationsformen	83
9.2	Differentielle PSK-Modulation	84
9.3	DQPSK-Modulation	85
9.4	FSK-Modulation	86
9.5	Minimum Shift Keying	87
9.6	Lösungen	88

10 Prinzipien der Demodulation · 97
10.1 GMSK / Diskriminator-Demodulator 97
10.2 Kohärente DQPSK-Demodulation 97
10.3 Trägerregelung - Signalraumdarstellung des Phasenjitters 99
10.4 Trägerregelung 1. und 2. Ordnung 100
10.5 Bitfehlerwahrscheinlichkeit eines Regelkreises 1. Ordnung 100
10.6 Lösungen 102

11 Übertragung über AGN-Kanäle · 111
11.1 Maximum-a-posteriori Empfänger für ein ASK-Signal . . 111
11.2 QPSK-Bitfehlerwahrscheinlichkeit bei Matched Filterung . 112
11.3 QPSK-Fehlerwahrscheinlichkeit 114
11.4 Höherstufige PSK-Übertragung 114
11.5 Bitfehlerwahrscheinlichkeit für MSK und DBPSK 115
11.6 Lösungen 116

12 Entzerrung · 125
12.1 Symboltakt-Entzerrer 125
12.2 Linearer Entzerrer 126
12.3 Entzerrer mit Einfach- und Doppelabtastung 127
12.4 Lineare und nichtlineare Entzerrung 128
12.5 Entzerrung mit quantisierter Rückführung 129
12.6 Datendetektion mittels Decision-Feedback-Entzerrung . . 130
12.7 Tomlinson-Harashima-Vorcodierung 130
12.8 Lösungen 132

13 Maximum-Likelihood-Schätzung von Datenfolgen · 147
13.1 Viterbi-Detektion eines BPSK-Signals 147
13.2 Fehler-Vektoren bei der Viterbi-Detektion 148
13.3 S/N-Verlust bei der Viterbi-Detektion 148
13.4 Trellisdiagramm für DBPSK 149
13.5 Lösungen 150

14 Kanalschätzung · 157
14.1 Flacher Kanal 157
14.2 Orthogonale Trainingsfolgen 158
14.3 Lösungen 159

IV Mobilfunk-Kommunikation

15 Übertragung über Funkkanäle   **165**
    15.1 Empfangsdiversität und Maximum-Ratio-Combining . . . 165
    15.2 Mobilfunkkanal 166
    15.3 Lösungen 167

16 Mehrträger-Modulation   **173**
    16.1 Unterschiedliche Abtastfrequenzen in OFDM-Systemen . . 173
    16.2 Fehlerraten bei OFDM 174
    16.3 OFDM-Frequenzgang 174
    16.4 Datenraten bei OFDM 176
    16.5 Lösungen 176

17 Codemultiplex-Übertragung   **185**
    17.1 Matched-Filter in Codemultiplex-Systemen 185
    17.2 Interferenz in CDMA-Systemen 186
    17.3 Korrelation von CDMA-Codesequenzen 187
    17.4 Orthogonale Codes in CDMA-Systemen 188
    17.5 Lösungen 189

18 Mehrantennensysteme   **195**
    18.1 Informationstheorie 195
    18.2 Beamforming am Sender 196
    18.3 Diversitätsgewinn eines Space-Time Codes 196
    18.4 Successive Interference Cancellation (SIC) 198
    18.5 Lösungen 199

Ausgewählte Lehrbücher   **211**

Kapitel 1

Systemtheoretische Grundlagen

1.1 Eigenschaften der Hilberttransformation

Die Hilberttransformation stellt eine Möglichkeit zur Erzeugung der komplexen Einhüllenden dar, mit deren Hilfe Bandpasssignale aufwandsgünstig im äquivalenten Basisband repräsentiert werden können. Beweisen Sie folgende Theoreme der Hilberttransformation.

a) $\mathcal{H}\{\mathcal{H}\{x(t)\}\} = -x(t)$

b) $\mathcal{H}\{x(t) * h(t)\} = \mathcal{H}\{x(t)\} * h(t) = x(t) * \mathcal{H}\{h(t)\}$

c) $\mathcal{H}\left\{\frac{dx(t)}{dt}\right\} = \frac{d}{dt}\mathcal{H}\{x(t)\}$

d) Für $x(t) \in \mathbb{R}$ und $y(t) \stackrel{\Delta}{=} \mathcal{H}\{x(t)\}$ gilt:

$$\begin{aligned} x(t) &= x(-t) &&\Rightarrow y(t) = -y(-t) \\ x(t) &= -x(-t) &&\Rightarrow y(t) = y(-t) \end{aligned}$$

Für $x(t) \in \mathbb{C}$:

$$x(t) = -x^*(-t) \quad \Rightarrow \quad y(t) = y(-t)$$

1.2 Äquivalente Tiefpass-Darstellung von Bandpass-Signalen

Gegeben sind die in Abbildung 1.2.1 gezeigten Übertragungsfunktionen zweier Bandpass-Filter.

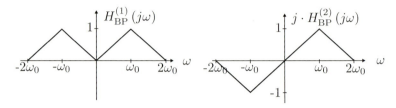

Abbildung 1.2.1: Übertragungsfunktionen der Bandpass-Filter

a) Berechnen Sie jeweils die zugehörigen Impulsantworten im äquivalenten Tiefpass-Bereich.

b) Berechnen Sie die beiden Bandpass-Impulsantworten.

c) Wie lautet das zugehörige analytische Signal im Zeit- und Spektralbereich?

1.3 Direktmischende Empfängerstruktur

Ein Bandpasssignal $x_{\text{BP}}(t)$ kann durch seine Inphase- und Quadraturkomponenten $s'(t)$ und $s''(t)$ dargestellt werden.

$$\begin{aligned} x_{\text{BP}}(t) &= \sqrt{2} \cdot \text{Re}\{(s'(t) + js''(t))e^{j\omega_0 t}\} \\ &= \sqrt{2} \cdot s'(t)\cos(\omega_0 t) - \sqrt{2} \cdot s''(t)\sin(\omega_0 t) \end{aligned} \quad (1.3.1)$$

a) Zeichnen Sie das gesamte Übertragungssystem bestehend aus Sender, idealem Übertragungskanal und Empfänger. Nehmen Sie dabei am Empfänger eine direktmischende Struktur an.

b) Ermitteln Sie die nach der Demodulation wiedergewonnenen Inphase- und Quadraturkomponenten, indem Sie für den Empfänger ideale Tiefpässe und Quadraturträger mit exakter 90°-Phasendifferenz annehmen.

c) Wie lauten die wiedergewonnenen Inphase- und Quadraturkomponenten, wenn die Quadraturträger des Empfängers um 2ϵ von der exakten 90°-Drehung abweichen.

d) Nehmen Sie nun bei exakt eingehaltener 90°-Phasendifferenz einen gemeinsamen Phasenfehler der Empfangsträger von $+\epsilon$ an. Für welchen der beiden Fälle (c) oder d)) lässt sich das demodulierte Signal als phasengedrehte komplexe Einhüllende darstellen?

1.4 Äquivalente Tiefpass-Darstellung eines Rauschprozesses

Gegeben ist ein stationärer Rauschprozess im Bandpassbereich mit der in Abbildung 1.4.1 gezeigten spektralen Leistungsdichte.

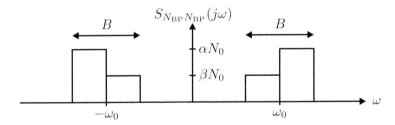

Abbildung 1.4.1: Spektrale Leistungsdichte eines stationären Rauschprozesses

a) Stellen Sie das äquivalente Tiefpassspektrum dar und zerlegen Sie es in einen geraden und einen ungeraden Anteil.

b) Berechnen Sie die Autokorrelationsfunktion des äquivalenten Tiefpass-Prozesses.

c) Wie lautet die Autokorrelationsfunktion des Real- bzw. Imaginärteils des Tiefpass-Rauschprozesses? Geben Sie die Kreuzkorrelierte zwischen Real- und Imaginärteil an. Für welche Werte α, β verschwindet die Kreuzkorrelierte?

1.5 Lösungen

1.5.1 Eigenschaften der Hilberttransformation

a) Die Beweise werden über die Fouriertransformation geführt.

$$\mathcal{F}\left\{\mathcal{H}\left\{\underbrace{\mathcal{H}\left\{x\left(t\right)\right\}}_{y(t)}\right\}\right\} = -j \cdot \mathrm{sgn}(\omega) Y(j\omega) \qquad (1.5.1)$$

$$= -j \cdot \mathrm{sgn}(\omega)\left(-j \cdot \mathrm{sgn}(\omega) X(j\omega)\right) = -X\left(j\omega\right)$$

b) Hier wird die Fourierkorrespondenz $x(t) * h(t) \circ\!\!-\!\!\bullet X(j\omega)H(j\omega)$ ausgenutzt.

$$-j \cdot \mathrm{sgn}\left(\omega\right) \cdot \left(X\left(j\omega\right) \cdot H\left(j\omega\right)\right) \qquad (1.5.2)$$
$$= \underbrace{\left(-j \cdot \mathrm{sgn}\left(\omega\right) X\left(j\omega\right)\right)}_{\mathcal{H}\{x(t)\}} \cdot H\left(j\omega\right) = X\left(j\omega\right) \cdot \underbrace{\left(-j \cdot \mathrm{sgn}\left(\omega\right) H\left(j\omega\right)\right)}_{\mathcal{H}\{h(t)\}}$$

c) Die Ableitung der Zeitfunktion entspricht der Multiplikation der Fouriertransformierten mit $-j\omega$.

$$-j \cdot \mathrm{sgn}\left(\omega\right)\left(j\omega \cdot X\left(j\omega\right)\right) = \underbrace{j\omega \underbrace{\left(-j \cdot \mathrm{sgn}\left(\omega\right) X\left(j\omega\right)\right)}_{\mathcal{H}\{x(t)\}}}_{\frac{d}{dt}\mathcal{H}\{x(t)\}} \qquad (1.5.3)$$

d) Eine gerade reelle Zeitfunktion $x(t) = x(-t) \in \mathbb{R}$ besitzt ein gerades reelles Spektrum $X(j\omega)$. Daher gilt für die Hilbertransformierte

$$y(t) = \mathcal{H}\left\{x(t)\right\} \circ\!\!-\!\!\bullet Y(j\omega) = -j \cdot \mathrm{sgn}(\omega) X(j\omega), \qquad (1.5.4)$$

so dass $Y(j\omega)$ eine imaginäre und ungerade Funktion sein muss, woraus für die Zeitfunktion $y(t) = -y(-t)$ folgt. Entsprechend zeigt man, dass

$$x(t) = -x(-t) \in \mathbb{R} \quad \Rightarrow \quad \mathcal{H}\{x(t)\}$$
$$\circ\!\!-\!\!\bullet$$
$$X(j\omega) = \text{imaginär, ungerade} \quad \Rightarrow \quad -j \cdot \text{sgn}(\omega)X(j\omega) = \text{reell, gerade}$$

sowie

$$x(t) = x^*(-t) \quad \Rightarrow \quad \mathcal{H}\{x(t)\}$$
$$\circ\!\!-\!\!\bullet$$
$$X(j\omega) \in \mathbb{R} \quad \Rightarrow \quad -j \cdot \text{sgn}(\omega) \underbrace{X(j\omega)}_{\mathbb{R}} = \text{imaginär, ungerade}$$

1.5.2 Äquivalente Tiefpass-Darstellung von Bandpass-Signalen

a) In Abbildung 1.5.1 ist die Konstruktion der äquivalenten Bandpasssignale illustriert; in der oberen Reihe für $H_{\text{BP}}^{(1)}(j\omega)$ und in der unteren Reihe für $jH_{\text{BP}}^{(2)}(j\omega)$.

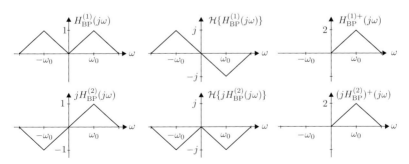

Abbildung 1.5.1: Konstruktion der analytischen Bandpassspektren mittels Hilberttransformation

Die spektrale Verschiebung der analytischen Signale erzeugt das

1 Systemtheoretische Grundlagen

zugehörige Tiefpasssignal

$$H_{\text{TP}}^{(1)}(j\omega) = \frac{1}{\sqrt{2}} H_{\text{BP}}^{(1)}(j(\omega + \omega_0)) \tag{1.5.5a}$$

$$jH_{\text{TP}}^{(2)}(j\omega) = \frac{1}{\sqrt{2}} (jH_{\text{BP}}^{(2)})^{+}(j(\omega + \omega_0)); \tag{1.5.5b}$$

die Skalierung mit dem Faktor $1/\sqrt{2}$ bewirkt gleiche Leistungen im Band- und Tiefpassbereich. Das gemeinsame Tiefpassspektrum $H_{\text{TP}}^{(1)}(j\omega) = jH_{\text{TP}}^{(2)}(j\omega)$ ist in Abbildung 1.5.2 gezeigt.

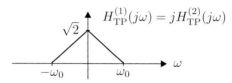

Abbildung 1.5.2: Äquivalentes Tiefpassspektrum

Mit der Definition des Rechteckfilters

$$R(j\omega) = \text{rect}\left(\frac{\omega}{\omega_0}\right) \;\bullet\!\!-\!\!\circ\; r(t) = \frac{\omega_0}{2\pi} \cdot \text{si}\left(\frac{\omega_0}{2}t\right) \tag{1.5.6}$$

lautet das äquivalente Tiefpasssignal des ersten Bandpasses

$$H_{\text{TP}}^{(1)}(j\omega) = \sqrt{2} \cdot \text{tri}\left(\frac{\omega}{\omega_0}\right) = \sqrt{2}\frac{1}{\omega_0} \cdot R(j\omega) * R(j\omega). \tag{1.5.7}$$

Die Faltung im Frequenzbereich entspricht der Multiplikation im Zeitbereich, d.h. $R(j\omega) * R(j\omega) \;\bullet\!\!-\!\!\circ\; 2\pi r(t) \cdot r(t)$. Die gesuchten Impulsantworten im äquivalenten Tiefpassbereich lauten

$$h_{\text{TP}}^{(1)}(t) = \sqrt{2}\frac{2\pi}{\omega_0} \cdot r(t) \cdot r(t) = \sqrt{2}\frac{\omega_0}{2\pi} \cdot \text{si}^2\left(\frac{\omega_0}{2}t\right) = jh_{\text{TP}}^{(2)}(t). \tag{1.5.8}$$

b) Die Übertragungsfunktion des ersten Bandpasses in Abhängigkeit der Tiefpassübertragungsfunktion lautet

$$H_{\text{BP}}^{(1)}(j\omega) = \frac{1}{\sqrt{2}} \left(H_{\text{TP}}^{(1)}(j(\omega - \omega_0)) + H_{\text{TP}}^{(1)}(j(\omega + \omega_0))\right) \tag{1.5.9a}$$

$$h_{\text{BP}}^{(1)}(t) = \frac{1}{\sqrt{2}} 2 \cdot h_{\text{TP}}(t) \cdot \cos(\omega_0 t)$$

$$= \frac{\omega_0}{\pi} \text{si}^2\left(\frac{\omega_0}{2}t\right) \cos(\omega_0 t) \tag{1.5.9b}$$

Die zweite Bandpassübertragungsfunktion entsteht entsprechend aus der Aufprägung von $H_{\text{TP}}(j\omega)$ auf den Sinusträger.

$$H_{\text{BP}}^{(2)}(j\omega) = \frac{1}{\sqrt{2}}\left(H_{\text{TP}}^{(2)}(j(\omega-\omega_0)) - H_{\text{TP}}^{(2)}(j(\omega+\omega_0))\right) \quad (1.5.10\text{a})$$

$$h_{\text{BP}}^{(2)}(t) = \frac{1}{\sqrt{2}} 2 \cdot h_{\text{TP}}^{(2)}(t) \cdot \sin(\omega_0 t)$$

$$= \frac{\omega_0}{\pi}\text{si}^2\left(\frac{\omega_0}{2}t\right)\sin(\omega_0 t) \quad (1.5.10\text{b})$$

c) Das analytische Signal entsteht durch spektrale Verschiebung des Tiefpasssignals.

$$h_{\text{BP}}^{+}(t) = 2 \cdot h_{\text{TP}}(t)e^{j\omega_0 t} \quad (1.5.11\text{a})$$

$$H_{\text{BP}}^{+}(j\omega) \stackrel{\circ\!-\!\bullet}{=} 2 \cdot H_{\text{TP}}(j(\omega-\omega_0)) \quad (1.5.11\text{b})$$

1.5.3 Direktmischende Empfängerstruktur

a) Das gesamtes Übertragungssystem unter der Annahme eines idealen Kanals ist in Abbildung 1.5.3 dargestellt.

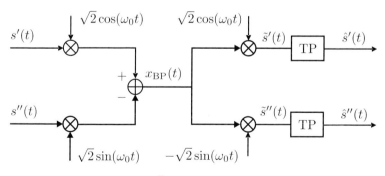

Abbildung 1.5.3: Gesamtes Übertragungssystem mit direktmischender Empfangsstruktur

b) Für das Empfangssignal sowie die Inphase- und Quadraturkomponente des demodulierten Signals gilt

$$x_{\text{BP}}(t) = \sqrt{2}s'(t)\cos(\omega_0 t) - \sqrt{2}s''(t)\sin(\omega_0 t) \quad (1.5.12)$$

Vor der Tiefpassfilterung ergeben sich die Signale $\tilde{s}'(t)$ und $\tilde{s}''(t)$ zu

$$\begin{aligned}
\tilde{s}'(t) &= \sqrt{2}\left[s'(t)\cos(\omega_0 t) - s''(t)\sin(\omega_0 t)\right]\sqrt{2}\cos(\omega_0 t) & (1.5.13\text{a}) \\
&= 2s'(t)\cos^2(\omega_0 t) - 2s''(t)\sin(\omega_0 t)\cos(\omega_0 t) & (1.5.13\text{b}) \\
&= [1+\cos(2\omega_0 t)]\,s'(t) - \sin(2\omega_0 t)\,s''(t) & (1.5.13\text{c})
\end{aligned}$$

und

$$\begin{aligned}
\tilde{s}''(t) &= 2\left[s'(t)\cos(\omega_0 t) - s''(t)\sin(\omega_0 t)\right]\cdot(-\sin(\omega_0 t)) & (1.5.14\text{a}) \\
&= -s'(t)2\cos(\omega_0 t)\sin(\omega_0 t) + s''(t)2(t)\sin^2(\omega_0 t) & (1.5.14\text{b}) \\
&= -\sin(2\omega_0 t)\,s'(t) + [1-\cos(2\omega_0 t)]\,s''(t)\,. & (1.5.14\text{c})
\end{aligned}$$

Durch die Tiefpassfilterung werden höhere Frequenzanteile, dargestellt durch die Terme $\sin(2\omega_0 t)$ und $\cos(2\omega_0 t)$, unterdrückt. Daher ergibt sich

$$\begin{aligned}\hat{s}'(t) &= s'(t) \\ \hat{s}''(t) &= s''(t)\end{aligned} \qquad (1.5.15)$$

c) Bei einer Abweichung von 2ϵ sind die Empfangsträger zu $\cos(\omega_0 t + \epsilon)$ und $\sin(2\omega_0 t - \epsilon)$ zu bilden. Dann lässt sich mit Hilfe der Beziehungen von trigonometrischen Funktionen [BS00] schreiben

$$\begin{aligned}
\tilde{s}'(t) &= s'(t)2\cos(\omega_0 t)\cos(\omega_0 t + \epsilon) \\
&\quad - s''(t)2\sin(\omega_0 t)\cos(\omega_0 t + \epsilon) & (1.5.16\text{a}) \\
&= [\cos(2\omega_0 t + \epsilon) + \cos(\epsilon)]\,s'(t) \\
&\quad - [\sin(\omega_0 t + \epsilon) - \sin(\epsilon)]\,s''(t) & (1.5.16\text{b})
\end{aligned}$$

sowie

$$\begin{aligned}
\tilde{s}''(t) &= -s'(t)2\cos(\omega_0 t)\sin(\omega_0 t - \epsilon) \\
&\quad + s''(t)2\sin(\omega_0 t)\sin(\omega_0 t - \epsilon) & (1.5.17\text{a}) \\
&= -[\sin(2\omega_0 t - \epsilon) - \sin(\epsilon)]\,s'(t) \\
&\quad - [\cos(2\omega_0 t - \epsilon) - \cos(\epsilon)]\,s''(t) & (1.5.17\text{b})
\end{aligned}$$

Analog zu Aufgabenteil b) werden höhere Frequenzanteile unterdrückt, so dass sich für die Komponenten des demodulierten Signals Folgendes ergibt:

$$\hat{s}'(t) = s'(t)\cos(\epsilon) + s''(t)\sin(\epsilon) \quad (1.5.18a)$$
$$\hat{s}''(t) = s'(t)\sin(\epsilon) + s''(t)\cos(\epsilon) \quad (1.5.18b)$$

d) Ein gemeinsamer Phasenfehler ϵ lässt sich am Empfänger durch $\sin(\omega_0 t + \epsilon)$ und $\cos(\omega_0 t + \epsilon)$ modellieren. Dann ergibt sich für die Inphase- und die Quadraturkomponente des demodulierten Signals

$$\hat{s}'(t) = s'(t)\cos(\epsilon) + s''(t)\sin(\epsilon) \quad (1.5.19a)$$
$$\hat{s}''(t) = -s'(t)\sin(\epsilon) + s''(t)\cos(\epsilon) \quad (1.5.19b)$$

Für das komplexe demodulierte Signal $\hat{s}(t)$ am Empfänger kann man schreiben

$$\hat{s}(t) = \hat{s}'(t) + j\hat{s}''(t) \quad (1.5.20a)$$
$$= s'(t)(\cos(\epsilon) - j\sin(\epsilon))$$
$$\quad + s''(t)(\sin(\epsilon) + j\cos(\epsilon)) \quad (1.5.20b)$$
$$= [s'(t) + j \cdot s''(t)] \cdot e^{-j\epsilon} \quad (1.5.20c)$$

Ein gemeinsamer Phasenfehler wie in dieser Teilaufgabe lässt sich als komplexe phasengedrehte (Multiplikation mit $e^{-j\epsilon}$) Einhüllende darstellen, während dies für den Fall in Aufgabenteil c) nicht möglich ist.

1.5.4 Äquivalente Tiefpass-Darstellung eines Rauschprozesses

a) Die Leistungsdichte des äquivalenten Tiefpass-Prozesses wird verdoppelt und zur Frequenz 0 verschoben. Der gerade und der ungerade Spektrumsanteil folgen aus

$$\bar{S}(j\omega) = \frac{S_{NN}(j\omega) + S_{NN}(-j\omega)}{2}, \quad (1.5.21a)$$
$$\tilde{S}(j\omega) = \frac{S_{NN}(j\omega) - S_{NN}(-j\omega)}{2}. \quad (1.5.21b)$$

und sind in Abbildung 1.5.4b,c dargestellt.

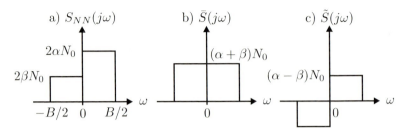

Abbildung 1.5.4: a) Tiefpassspektrum, b) gerader Anteil, c) ungerader Anteil

b) Die komplexe AKF des Tiefpassspektrums folgt aus der inversen Fouriertransformation.

$$r_{NN}(\tau) = \frac{1}{2\pi} \int_{-B/2}^{B/2} S_{NN}(j\omega)e^{j\omega\tau} d\omega$$

$$= \frac{1}{2\pi} \int_{-B/2}^{0} 2\beta N_0 e^{j\omega\tau} d\omega + \frac{1}{2\pi} \int_{0}^{B/2} 2\alpha N_0 e^{j\omega\tau} d\omega \quad (1.5.22)$$

$$= \frac{\beta N_0}{\pi} \frac{1}{j\tau}\left(1 - e^{-j\tau B/2}\right) + \frac{\alpha N_0}{\pi} \frac{1}{j\tau}\left(e^{j\tau B/2} - 1\right)$$

c) Die Zerlegung in Real- und Imaginärteil, $r_{NN}(\tau) = r'_{NN}(\tau) + jr''_{NN}(\tau)$, ergibt

$$r'_{NN}(\tau) = \frac{(\alpha+\beta)N_0}{\pi}\frac{1}{\tau}\sin(\tau B/2),$$
$$r''_{NN}(\tau) = \frac{(\alpha-\beta)N_0}{\pi}\frac{1}{\tau}\left(1 - \cos(\tau B/2)\right). \quad (1.5.23)$$

Man erkennt, dass der Realteil eine gerade, der Imaginärteil eine ungerade Symmetrie aufweist. Die komplexwertige AKF ist daher konjugiert gerade, so dass das Leistungsdichtespektrum reellwertig sein muss. Das LDS wurde bereits in einen geraden und ungeraden Anteil zerlegt; der gerade Anteil entspricht dem doppelten Spektrum des Realteils des Prozesses, der ungerade Anteil entspricht dem doppelten Kreuzspektrum zwischen Real- und Imaginärteil

1.5 Lösungen

des Prozesses.

$$r_{NN}(\tau) = \underbrace{2r_{N'N'}(\tau)}_{\text{gerader Anteil}} + \underbrace{j2r_{N'N''}(\tau)}_{\text{ungerader Anteil}} \qquad (1.5.24a)$$

$$= \mathcal{F}^{-1}\{\underbrace{2S_{N'N'}(j\omega)}_{\bar{S}(j\omega)}\} + \mathcal{F}^{-1}\{\underbrace{j2S_{N'N''}(j\omega)}_{\tilde{S}(j\omega)}\} \qquad (1.5.24b)$$

Aus dem geraden Anteil des Leistungsdichtespektrums folgt der Realteil der gesuchten AKF

$$2r_{N'N'}(\tau) = \frac{1}{2\pi} \int\limits_{-B/2}^{B/2} \bar{S}(j\omega) e^{j\omega\tau} d\omega = \frac{(\alpha+\beta)N_0}{2\pi} \int\limits_{-B/2}^{B/2} \cos(\omega\tau)\, d\omega$$

$$= \frac{(\alpha+\beta)N_0}{2\pi\tau}\left[\sin(\omega\tau)\right]\Big|_{-B/2}^{B/2} = \frac{(\alpha+\beta)N_0}{\pi\tau}\sin(\tau B/2)$$

$$= \frac{(\alpha+\beta)N_0 B}{2\pi}\text{si}(\tau B/2)\,.$$

$$(1.5.25)$$

Aus dem ungeraden Anteil des LDS folgt der Imaginärteil der AKF

$$j2r_{N'N''}(\tau) = \frac{1}{2\pi}\int\limits_{-B/2}^{B/2} \tilde{S}(j\omega)e^{j\omega\tau} d\omega = \frac{(\alpha-\beta)N_0}{2\pi}\cdot 2\int\limits_{0}^{B/2}\sin(\omega\tau)\,d\omega$$

$$= \frac{(\alpha-\beta)N_0}{\pi\tau}\left[-\cos(\omega\tau)\right]\Big|_0^{B/2}$$

$$= \frac{(\alpha-\beta)N_0}{\pi\tau}\left[1-\cos(\tau B/2)\right]\,.$$

$$(1.5.26)$$

Die Kreuzkorrelierte verschwindet, $r''_{NN}(\tau) = 0$, für $\alpha = \beta$, wenn also ein gerades Spektrum vorliegt.

Kapitel 2

Eigenschaften von Übertragungskanälen

2.1 Nyquistfilter

Gegeben ist die in Abbildung 2.1.1 gezeigte Übertragungsfunktion.

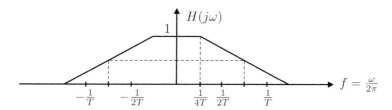

Abbildung 2.1.1: Spektrum mit Nyquistflanke

a) Bezüglich welcher Frequenz besitzt diese Übertragungsfunktion eine Nyquistflanke?

b) Berechnen Sie die Impulsantwort des Systems und ermitteln Sie die beiden Frequenzen, für die die erste Nyquistbedingung erfüllt ist.

c) Beweisen Sie die Gültigkeit der ersten Nyquistbedingung für die beiden Fälle im Frequenzbereich.

2.2 Nichtlineare Verzerrungen bei amplitudenbegrenzten Signalen

Es wird ein digitales Signal x_Q betrachtet, das auf Amplitude 1 begrenzt und in Zweierkomplement-Arithmetik dargestellt ist. Es geht aus einem unbegrenzten Signal x hervor, auf das die Abbildung 2.2.1 dargestellte Kennlinie angewendet wird.

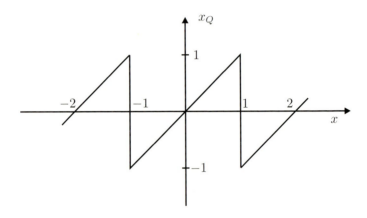

Abbildung 2.2.1: Kennlinie der Zweierkomplement-Arithmetik

a) Skizzieren Sie das amplitudenbegrenzte Signal, wenn das unbegrenzte Signal ein Kosinus der Amplitude $\hat{x} = \max\{|x|\} = 1.1$ ist. Nehmen Sie die Abtastfrequenz so hoch an, dass das Signal zeitkontinuierlich dargestellt werden kann.

b) Führen Sie eine allgemeine Fourierreihen-Entwicklung für diese Signalform durch.

c) Berechnen Sie den Klirrfaktor für die Amplituden

$$\hat{x} = \{\ 1.0,\ 1.2,\ 1.4,\ 1.6,\ 1.8,\ 2.0\ \}.$$

2.3 Mehrwegeausbreitung

Ein Mittelwellen-Sender benutzt eine Trägerfrequenz in der Nähe von 1 MHz. Am Empfänger wird der in Abbildung 2.3.1 gezeigte Betrag der Kanal-Übertragungsfunktion des äquivalenten Tiefpass-Kanals gemessen.

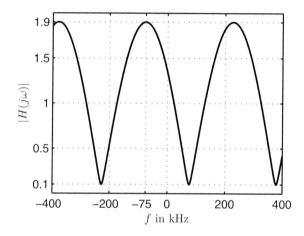

Abbildung 2.3.1: Äquivalente Kanalübertragungsfunktion

a) Wieviele Reflexionen existieren neben dem direkten Pfad?

b) Sender und Empfänger liegen 550 m auseinander. Wie lang ist der Weg entlang der Reflexion?

c) Bestimmen Sie die gesendete Trägerfrequenz in der Nähe von 1 MHz.

d) Ermitteln Sie die auf den direkten Pfad normierte Kanalimpulsantwort.

2.4 Doppler-Einflüsse bei Mobilfunkübertragung

Auf ein mit der Geschwindigkeit $v_E = 100$ km/h fahrendes Fahrzeug treffen vier ebene Wellen gemäß Abbildung 2.4.1. Die Trägerfrequenz des Funksignals beträgt $f_0 = 1$ GHz. Die relativen Verzögerungen zwischen den vier Empfangssignalen seien vernachlässigbar; die Amplituden der Reflexionsfaktoren r_0, r_1, r_2, r_3 sind der Skizze zu entnehmen.

Hinweis: Lichtgeschwindigkeit $c_0 \approx 3 \cdot 10^8$ m/s

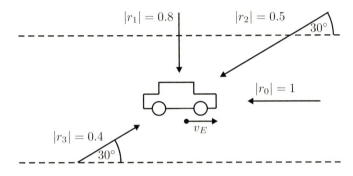

Abbildung 2.4.1: Mobiler Empfänger und vier eintreffende Wellenfronten

a) Berechnen Sie die Dopplerverschiebung für die vier Signalkomponenten.

b) Skizzieren Sie das gesamte Empfangsspektrum für den Fall eines unmodulierten Sendesignals.

2.5 Lösungen

2.5.1 Nyquistfilter

a) Bezüglich der Frequenz $f_N = \frac{1.5}{2T}$ liegt eine Nyquistflanke vor, da die gegebene Übertragungsfunktion hier Punktsymmetrie aufweist.

b) Das in Abbildung 2.1.1 dargestellte Spektrum lässt sich durch Faltung der beiden folgenden Übertragungsfunktionen erzeugen.

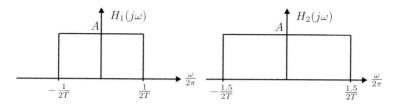

Abbildung 2.5.1: Erzeugung von $H(j\omega)$ aus zwei einfacheren Spektren

Um die Amplitude A zu bestimmen, wird die Faltungsbeziehung $H(j\omega) = \int\limits_{-\infty}^{\infty} H_1(j\omega')H_2(j(\omega - \omega'))\,d\omega'$ an der Frequenz $\omega = 0$ ausgewertet

$$H(0) = \int\limits_{-\infty}^{\infty} H_1(j\omega')H_2(-j\omega')\,d\omega' = \int\limits_{-\frac{2\pi}{2T}}^{\frac{2\pi}{2T}} A^2\,d\omega' = A^2 \frac{2\pi}{T}\,. \quad (2.5.1)$$

Laut Abbildung 2.1.1 gilt $H(0) = 1$, so dass $A = \sqrt{\frac{T}{2\pi}}$ folgt. Für die beiden Teilimpulsantworten gilt

$$h_1(t) = \frac{A}{T} \cdot \mathrm{si}(\pi t/T)\,, \quad (2.5.2\mathrm{a})$$
$$h_2(t) = \frac{1.5A}{T} \cdot \mathrm{si}(1.5\pi t/T)\,. \quad (2.5.2\mathrm{b})$$

Weiter gilt

$$H(j\omega) = H_1(j\omega) * H_2(j\omega) \;\bullet\!\!-\!\!\circ\; h(t) = 2\pi h_1(t)h_2(t)\,. \quad (2.5.3)$$

$$h(t) = 2\pi \frac{A^2}{T^2} 1.5\,\mathrm{si}(\pi t/T)\mathrm{si}(1.5\pi t/T)$$
$$\stackrel{A=\sqrt{\frac{T}{2\pi}}}{=} \frac{1.5}{T}\mathrm{si}(\pi t/T)\mathrm{si}(1.5\pi t/T) \quad (2.5.4)$$

Es ergeben sich äquidistante Nullstellen bei νT und $\mu 2T/3$, so dass die erste Nyquistbedingung entsprechend für die zwei Abtastfrequenzen $1/T$ und $1.5/T$ erfüllt ist.

c) Die Abtastfrequenz bei $1.5/T$ ist offensichtlich wegen der Punktsymmetrie der Flanke von $H(j\omega)$. Die Gültigkeit der Nyquistfrequenz bei $1/T$ folgt aus der Betrachung der allgemeinen Nyquistbedingung gemäß (2.1.13) in [Kam08, S. 53]

$$\sum_{i=-\infty}^{\infty} H(j(\omega - 2\omega_N i)) = \text{const} \qquad (2.5.5)$$

bzgl. $f_N = 1/(2T)$. Daraus folgt

$$\sum_i H(j2\pi(f - i/T)) = \text{const}. \qquad (2.5.6)$$

Dieser Sachverhalt ist in Abbildung 2.5.2 illustriert. Man erkennt, dass sich die Spiegelspektren nach der Abtastung mit der Frequenz $1/T$ zu einer Konstanten aufsummieren. Ein weißes Spektrum entsteht.

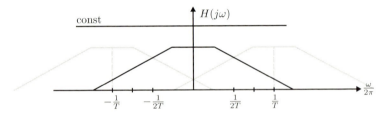

Abbildung 2.5.2: Die durch die Abtastung entstehenden Spiegelspektren überlagern sich zu einer Konstanten

2.5.2 Nichtlineare Verzerrungen bei amplitudenbegrenzten Signalen

a) Abbildung 2.5.3 zeigt den Kosinus $x(t)$ und das quantisierte Signal $x_Q(t)$.

b) Zunächst wird die Zeit t_1 bestimmt (s. Abbildung 2.5.3), während der das Eingangssignal amplitudenbegrenzt wird

$$1.1\cos(2\pi t_1/T) \stackrel{!}{=} 1 \quad \Rightarrow \quad t_1/T = \arccos(1/1.1)/(2\pi) = 0.0684. \qquad (2.5.7)$$

2.5 Lösungen

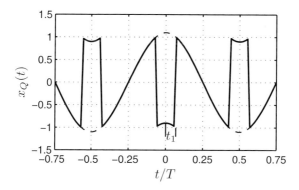

Abbildung 2.5.3: Kosinus $x(t)$ ('--') und quantisiertes Signal $x_Q(t)$ ('-')

Zur Fourieranalyse wird das Signal $x_Q(t)$ in zwei einfach zu beschreibende Anteile zerlegt

$$x_Q(t) = 1.1\cos(2\pi t_1/T) - r(t)\,, \tag{2.5.8}$$

wobei $r(t)$ in Abbildung 2.5.4 dargestellt ist.

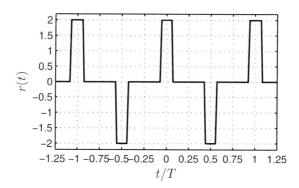

Abbildung 2.5.4: Signalanteil $r(t)$

Die Fourierzerlegung des Signals $r(t)$ ist durch folgende Reihe gegeben

$$r(t) = \sum_{n=1}^{\infty} a_n \cos(2\pi nt/T)\,, \tag{2.5.9}$$

wobei die Fourierkoeffizienten a_n gegeben sind durch das Integral

$$a_n = \frac{2}{T} \int_{-T/2}^{T/2} r(t) \cos(2\pi nt/T)\, dt\,. \qquad (2.5.10)$$

Dessen Lösung lautet

$$\begin{aligned}
a_n &= \frac{4}{T} \left[\int_0^{t_1} r(t) \cos(2\pi nt/T)\, dt + \int_{T/2-t1}^{T/2} r(t) \cos(2\pi nt/T)\, dt \right] \\
&= \frac{8}{T} \int_0^{t_1} \cos(2\pi nt/T)\, dt - \frac{8}{T} \int_{T/2-t1}^{T/2} \cos(2\pi nt/T)\, dt \\
&= \frac{8}{T} \frac{\sin(2\pi nt/T)}{2\pi n/T}\bigg|_0^{t_1} - \frac{8}{T} \frac{\sin(2\pi nt/T)}{2\pi n/T}\bigg|_{T/2-t1}^{T/2} \\
&= 4\frac{\sin(2\pi n t_1/T)}{\pi n} - 4\frac{\sin(2\pi n(T/2-t_1)/T)}{\pi n} + 4\frac{\sin(\pi n)}{\pi n} \\
&= 4\frac{\sin(2\pi n t_1/T)}{\pi n} - 4\frac{\sin(\pi n - 2\pi n t_1/T)}{\pi n} \\
&= 4\frac{\sin(2\pi n t_1/T)}{\pi n} - (-1)^n 4\frac{\sin(2\pi n t_1/T)}{\pi n}\,.
\end{aligned}$$
$$(2.5.11)$$

Vereinfacht gilt auch

$$a_n = \begin{cases} \frac{8\sin(2\pi n t_1/T)}{\pi n}, & n \text{ ungerade} \\ 0, & n \text{ gerade}\,. \end{cases} \qquad (2.5.12)$$

c) Der Klirrfaktor folgt auf einfache Weise, indem die erste harmonische Schwingung von den Oberschwingungen abgetrennt wird

$$\begin{aligned}
x_Q(t) &= \hat{x} \cos(2\pi t/T) - r(t) \\
&= (\hat{x} - a_1) \cos(2\pi t/T) + \sum_{n=3,5,\ldots}^{\infty} a_n \cos(2\pi t/T)\,.
\end{aligned} \qquad (2.5.13)$$

Der Klirrfaktor ist definiert als das Verhältnis der Leistung der

2.5 Lösungen

Oberschwingungen zur Leistung aller Schwingungen

$$K = \sqrt{\frac{\sum_{n=3,5,\ldots}^{\infty} a_n^2}{(\hat{x}-a_1)^2 + \sum_{n=3,5,\ldots}^{\infty} a_n^2}}. \quad (2.5.14)$$

$\hat{x}$	1.0	1.2	1.4	1.6	1.8	2.0
t_1/T	0.0	0.0932	0.123	0.143	0.156	0.167
K in %	0	0.35	0.257	0.204	0.171	0.152

Tabelle 2.5.1: Kosinusamplitude und Klirrfaktor

Laut Tabelle 2.5.1 führt geringes Amplitudenclipping zu einem größeren Klirrfaktor. Die Ursache liegt darin, dass für diesen Fall das amplitudenbegrenzte Signal einer Rechteckfunktion mit hohen Frequenzanteilen ähnelt. Die Ähnlichkeit zu einer Rechteckfunktion nimmt ab, je stärker das Clipping ausfällt.

2.5.3 Mehrwegeausbreitung

a) Die allgemeine Formulierung einer Kanalübertragungsfunktion im äquivalenten Basisband unter der Annahme idealer Sende- und Empfangsfilter lautet (vgl. (2.5.6) in [Kam08, S.82])

$$H_{\text{TP}}(j\omega) = \sum_{\nu=0}^{\ell-1} \underbrace{\rho_\nu \exp(-j\psi_\nu)}_{r_\nu} \cdot \exp(-j\omega\tau_\nu), \quad (2.5.15)$$

wobei es sich also um die Summation von Mehrwegepfaden handelt, die durch ihre individuelle Amplitude ρ_ν, Verzögerung τ_ν und Phase $\psi_\nu = \omega_0 \tau_\nu$ charakterisiert sind. In Abbildung 2.3.1 handelt es sich um eine periodische Schwingung um den Mittelwert 1, so dass man von einem Zweiwege-Kanal ausgehen kann. Dessen Übertragungsfunktion lautet

$$H_{\text{TP}}(j\omega) = r_0 e^{-j\omega\tau_0} + r_1 e^{-j\omega\tau_1} = r_0 e^{-j\omega\tau_0}\left(1 + \frac{r_1}{r_0}e^{j\omega(\tau_0-\tau_1)}\right), \quad (2.5.16)$$

woraus die Betragsübertragungsfunktion

$$|H_{\mathrm{TP}}(j\omega)| = |r_0|\,|1 + re^{j\omega\Delta\tau}|$$
$$= |r_0|\sqrt{1 + |r|^2 + 2|r|\cos(\omega\Delta\tau + \psi)}\,. \quad (2.5.17)$$

folgt. Hierbei wurden die Parameter $r = |r|e^{j\psi}$ und $\Delta\tau = \tau_0 - \tau_1$ eingeführt. Aus $\max\{|H_{\mathrm{TP}}(j\omega)|\} = |r_0||1 + |r|| = 1.9$ und $\min\{|H_{\mathrm{TP}}(j\omega)|\} = |r_0||1 - |r|| = 0.1$ folgt weiterhin $|r| = 0.9$ und $|r_0| = 1$.

b) Der Abstand der Minima Δf der Betragsübertragungsfunktion $H_{\mathrm{TP}}(j\omega)$ und die Verzögerung $\Delta\tau$ zwischen dem direkten und dem verzögerten Signal stehen in einem inversen Verhältnis zueinander, $\Delta f = 1/\Delta\tau$. Je kürzer die Echos aufeinander folgen, desto näher liegen die Minima bei einander und desto schneller oszillierend erscheint der Frequenzgang.

$$\Delta f = 1/\Delta\tau = c_0/\Delta\ell = 300 \cdot 10^3 \text{ Hz} \quad (2.5.18)$$

$$\Delta\ell = 3 \cdot 10^8 \text{m/s}/(300 \cdot 10^3 \text{ Hz}) = 1 \text{ km} \quad (2.5.19)$$

Die Entfernung zwischen Sender und Empfänger von 550 m entspricht der Länge des direkten Pfades, so dass sich die Länge des Reflexionspfades zu $\ell_{\mathrm{Refl.}} = 1550$ m ergibt.

c) Die Kanalübertragungsfunktion in Gleichung (2.5.17) zeigt bei der Frequenz $f = -75$ kHz ein Maximum, so dass die Phase ψ der Beziehung

$$\omega\Delta\tau + \psi = 2\pi n \quad (2.5.20)$$

gehorchen muss. Demnach gilt $\psi = -2\pi f \Delta\tau + 2\pi n = 2\pi 75$ kHz$/300$ kHz $+ 2\pi n = \pi/2 + 2\pi n$. Die Trägerfrequenz f_0 kann jetzt über die Kanalphase $\psi = \psi_1 - \psi_0 = 2\pi f_0 \Delta\tau = \omega_0 \Delta\tau$ identifiziert werden.

$$\psi = 2\pi f_0 \Delta\tau = \pi/2 + 2\pi n \quad (2.5.21\mathrm{a})$$
$$f_0(n) = (0.25 + n)/\Delta\tau = 300 \text{ kHz}(0.25 + n) \quad (2.5.21\mathrm{b})$$
$$= \{\ldots, 675, \underbrace{975}_{n=3}, 1275, \ldots\} \text{ kHz} \quad (2.5.21\mathrm{c})$$

d) Für die auf den direkten Kanalpfad normierte Kanalübertragungsfunktion (2.5.16) gilt

$$\bar{H}_{\mathrm{TP}}(j\omega) = 1 + re^{j\omega\tau}. \qquad (2.5.22)$$

Der Betrag $|r| = 0.9$ wurde bereits im Aufgabenteil a) bestimmt. Für die Phase gilt $\psi = \omega_0 \Delta\tau = 2\pi 975 \text{ kHz}/300 \text{ kHz} = 6.5\pi$. Es folgt

$$\bar{h}(t) = \delta(t) + 0.9 e^{j\pi/2} \delta(t - \Delta\tau). \qquad (2.5.23)$$

2.5.4 Doppler-Einflüsse bei Mobilfunkübertragung

a) Wenn sich Sender und Empfänger mit einer relativen Geschwindigkeit v_E zueinander bewegen, beträgt die Dopplerfrequenz einer unter dem Winkel α eintreffenden Welle $f_{D,max} = \frac{v_E}{c_0} f_0 \cos\alpha$. Für die maximale Dopplerfrequenz gilt

$$f_D = 1 \text{ GHz} \cdot \frac{100 \text{ km/h}}{3 \cdot 10^8 \text{ m/s}} = 92.6 \text{ Hz}. \qquad (2.5.24)$$

b) Die vier Dopplerfrequenzen des gegebenen Beispiels lauten $f_{D,0} = 92.6$ Hz, $f_{D,1} = 0$ Hz ; $f_{D,2} = 80.2$ Hz ; $f_{D,3} = -80.2$ Hz. Das resultierende Dopplerspektrum ist in Abbildung 2.5.5 zu sehen.

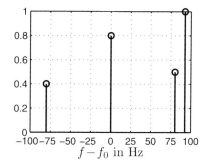

Abbildung 2.5.5: Dopplerspektrum

Kapitel 3

Analoge Modulationsverfahren

3.1 Einseitenbandsignal

Reelle Quellensignale weisen ein konjugiert gerades Spektrum auf, d.h. es liegt eine Symmetrie zwischen dem oberen und unteren Seitenband vor. Die Einseitenbandmodulation nutzt diese Symmetrie aus, indem nur eines der beiden Seitenbänder übertragen wird. Hier wird ein Einseitenbandsignal mit Hilfe eines nichtidealen Hilberttransformators erzeugt; dessen Übertragungsfunktion lautet

$$\tilde{H}_{\mathcal{H}}(j\omega) = A \cdot e^{-j(\pi/2+\varepsilon)\mathrm{sgn}(\omega)}, \qquad (3.1.1)$$

wobei für die Parameter $A \approx 1$ und $\varepsilon \ll 1$ gelten soll.

a) Formulieren Sie das hiermit gebildete obere Seitenbandsignal im Zeitbereich; drücken Sie dieses durch ein allgemeines modulierendes Signal $v(t)$ und dessen exakter Hilberttransformierter $\hat{v}(t)$ aus.

b) Setzen Sie für $v(t)$ ein Kosinussignal der Frequenz ω_1 ein. Nehmen Sie eine korrekte Phasendrehung des Hilberttransformators an ($\varepsilon = 0$) und berechnen Sie die nichtideale Dämpfung des unteren Seitenbandes als Funktion eines Amplitudenfehlers $\delta_A = A - 1$.

c) Führen Sie die gleiche Umformung für die korrekte Amplitude $A = 1$, jedoch bei einem Phasenfehler ε durch. Setzen Sie Näherungen unter der Annahme kleiner Phasenfehler $\varepsilon \ll 1$ ein.

3.2 Komplexe Einhüllende analoger Modulationsformen

Gegeben sind die in Abbildung 3.2.1 dargestellten Ortskurven der komplexen Einhüllenden verschiedener Modulationssignale.

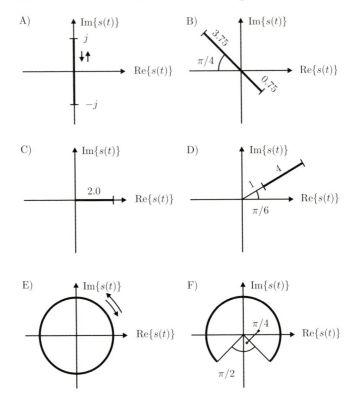

Abbildung 3.2.1: Komplexe Einhüllende verschiedener Modulationsformen

a) Ordnen Sie den Ortskurven A)-F) Modulationssignale zu. Nennen Sie alle Möglichkeiten im Falle von Mehrdeutigkeiten.

b) Bestimmen Sie alle Parameter, die von den Diagrammen ablesbar sind.

c) Geben Sie an, welche prinzipiellen Demodulationsstrukturen (kohärent, inkohärent) in den einzelnen Fällen anwendbar sind.

3.3 Spektren analoger Modulationsformen

Ein sinusförmiges Eingangssignal fester Frequenz $f = 1$ kHz wird auf verschiedene Modulatoren gegeben. Am Ausgang misst man die Betragsspektren in Abbildung 3.3.1.

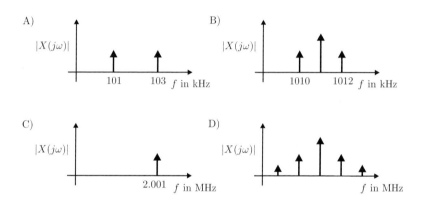

Abbildung 3.3.1: Betragsspektren verschiedener Modulationsformen

a) Ordnen Sie den Spektren die verwendete Modulationsform zu.

b) Geben Sie für die Modulationssignale A)-D) die ablesbaren Parameter an (Trägerfrequenz, Modulationsindex).

c) Beschriften Sie die Frequenzachse des Modulationssignals D), wenn die Trägerfrequenz $f_0 = 90$ MHz beträgt.

3.4 AM-Übertragung

Gegeben ist das in Abbildung 3.4.1 dargestellte Blockschaltbild einer Sendestufe. $v(t)$ ist hierbei das zu übertragende Signal, f_0 ist die

Trägerfrequenz, die vom lokalen Oszillator (LO) generiert wird.

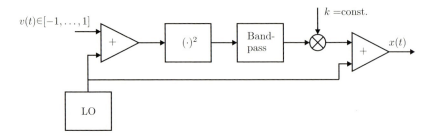

Abbildung 3.4.1: Modulator für ein AM-Signal

a) Zeigen Sie, dass am Ausgang dieser Schaltung ein AM-Signal entsteht. Berechnen Sie zunächst das Signal am Ausgang des Quadrierers $(\cos(x))^2 = (1 + \cos(2x))/2)$. Welche Signalanteile müssen durch den Bandpass unterdrückt werden, um ein Zweiseitenbandsignal zu erhalten?

b) Welche Bedingungen sind für die obere und untere Grenzfrequenz des Bandpasses einzuhalten? Geben Sie in beiden Fällen die minimale und maximale Frequenz an. Fertigen Sie dazu eine Skizze für die verschiedenen Spektralkomponenten an.

c) Auf welchen Wert ist die Konstante k einzustellen, um einen Modulationsgrad $m = 1/2$ zu erhalten? Nehmen Sie hierbei an, dass der Bandpass im Durchlassbereich den Frequenzgang 1 (ohne Phasendrehung) aufweist.

3.5 Dimensionierung eines FM-Signals

Ein Trägersignal wird mit einem Kosinussignal der Frequenz $f_{\text{NF}} = 10$ kHz frequenzmoduliert. Die Ortskurve der komplexen Einhüllenden ist der Abbildung 3.5.1 zu entnehmen.

a) Geben Sie die Zeitfunktion der komplexen Einhüllenden an.

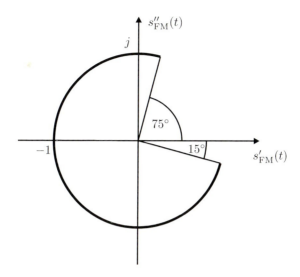

Abbildung 3.5.1: Komplexe Einhüllende eines FM-Signals

b) Wie groß ist der Frequenzhub ΔF?

c) Auf welchen Wert müssen Sie die modulierende Frequenz f_{NF} verändern, damit die komplexe Einhüllende gerade einen Vollkreis beschreibt?

3.6 FM-Übertragung eines Dreiecksignals

Ein FM-Modulator wird mit einem Dreiecksignal der Grundfrequenz $f_1 = 1.5$ kHz angesteuert. Am Eingang des Modulators erfolgt eine Bandbegrenzung auf 5 kHz.

a) Geben Sie eine Fourierreihe für das bandbegrenzte Dreiecksignal an. Normieren Sie den Maximalwert des Signals auf 1.

b) Entwickeln Sie einen Ausdruck für das Spektrum des FM-Signals bei einem Frequenzhub von $\Delta F = 3$ kHz.

3.7 Lösungen

3.7.1 Einseitenbandsignal

a) Einseitenbandsignale werden erzeugt, indem ein Seitenband - entweder der positive oder der negative Spektralanteil - des Quellsignals mittels seiner Hilberttransformierten vor der Modulation unterdrückt wird. Durch einen nichtidealen Hilbertransformator werden Reste des zu unterdrückenden Seitenbandes im Bandpasssignal verbleiben. Um diesen Effekt zu verdeutlichen, wird zunächst die gegebene Hilbert-Übertragungsfunktion (3.1.1) umgeformt.

$$\begin{aligned}\tilde{H}_{\mathcal{H}}(j\omega) &= A \cdot \underbrace{e^{-j\pi/2\,\mathrm{sgn}(\omega)}}_{-j\,\mathrm{sgn}(\omega)} \cdot \underbrace{e^{-j\varepsilon\,\mathrm{sgn}(\omega)}}_{\cos(\varepsilon)-j\,\mathrm{sgn}(\omega)\sin(\varepsilon)} \\ &= A\left[\underbrace{-j\,\mathrm{sgn}(\omega)}_{H_{\mathcal{H}}(j\omega)}\cos(\varepsilon) + \underbrace{j \cdot j\,\mathrm{sgn}^2(\omega)}_{-1}\sin(\varepsilon)\right] \quad (3.7.1)\\ &= A\cos(\varepsilon)H_{\mathcal{H}}(j\omega) - A\sin(\varepsilon)\end{aligned}$$

Das Signal nach der näherungsweisen Hilberttransformation lautet somit

$$\tilde{\hat{v}}(t) = A\cos(\varepsilon)\hat{v}(t) - A\sin(\varepsilon)v(t). \quad (3.7.2)$$

Um das obere Einseitenbandsignal zu bilden, wird dieses Signal dem Quadraturträger und das ursprüngliche Signal dem Inphasenträger aufgeprägt.

$$\begin{aligned}\tilde{x}_{\mathrm{OSB}}(t) &= v(t)\cos(\omega_0 t) - \tilde{\hat{v}}(t)\sin(\omega_0 t) \\ &= v(t)\cos(\omega_0 t) - [A\cos(\varepsilon)\hat{v}(t) - A\sin(\varepsilon)v(t)]\sin(\omega_0 t) \\ &= v(t)[\cos(\omega_0 t) + A\sin(\varepsilon)\sin(\omega_0 t)] - \hat{v}(t)A\cos(\varepsilon)\sin(\omega_0 t)\end{aligned}$$
$$(3.7.3)$$

b) Für einen verschwindenden Phasenfehler gilt $\varepsilon = 0$. Das Quellsignal und seine Hilberttransformierte sind gegeben durch

$$v(t) = \cos(\omega_1 t); \qquad \hat{v}(t) = \sin(\omega_1 t), \quad (3.7.4)$$

so dass das obere Einseitenbandsignal

$$\tilde{x}_{\mathrm{OSB}}(t) = \cos(\omega_1 t)\cos(\omega_0 t) - A\sin(\omega_1 t)\sin(\omega_0 t) \quad (3.7.5)$$

lautet. Der Amplitudenfehler wird durch Addition eines Restfehlers $\delta_A \ll 1$ zum Idealwert 1 modelliert, $A = 1 + \delta_A$. Weiterhin werden Additionstheoreme der Trigonometrie verwendet, $\cos(x+y) = \cos x \cos y - \sin x \sin y$ und $\cos(x-y) = \cos x \cos y + \sin x \sin y$.

$$\begin{aligned}
\tilde{x}_{\text{OSB}}(t) &= \underbrace{\cos(\omega_1 t)\cos(\omega_0 t) - \sin(\omega_1 t)\sin(\omega_0 t)}_{\cos((\omega_0 + \omega_1)t)} \\
&\quad - \delta_A \sin(\omega_1 t)\sin(\omega_0 t) \\
&= \cos((\omega_0 + \omega_1)t) \\
&\quad - \delta_A/2 \left[\cos((\omega_0 - \omega_1)t) - \cos((\omega_0 + \omega_1)t)\right] \\
&= \underbrace{(1 + \delta_A/2)\cos((\omega_0 + \omega_1)t)}_{\text{OSB}} - \underbrace{\delta_A/2 \cos((\omega_0 - \omega_1)t)}_{\text{USB}}
\end{aligned}$$
(3.7.6)

In Abbildung 3.7.1 ist das entsprechende Spektrum dargestellt. Hier wird deutlich, dass die Unterdrückung des unteren Seitenbands nur näherungsweise gelingt.

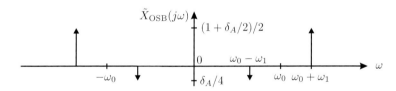

Abbildung 3.7.1: Spektrum des oberen Einseitenbandsignal für einen nichtidealen Hilberttransformator mit Amplitudenfehler

Das Verhältnis der mittleren Leistung von USB zu OSB beträgt $\delta_A^2/(2 + \delta_A)^2$.

c) Für die Parameter $A = 1$ bzw. $\varepsilon \neq 0$ gilt

$$\begin{aligned}
\tilde{x}_{\text{OSB}}(t) &= \cos(\omega_1 t)\left[\cos(\omega_0 t) + \sin(\varepsilon)\sin(\omega_0 t)\right] \\
&\quad - \sin(\omega_1 t)\cos(\varepsilon)\sin(\omega_0 t).
\end{aligned}$$
(3.7.7)

Mit der Näherung $\varepsilon \ll 1$ gilt $\sin(\varepsilon) \approx \varepsilon$ und $\cos(\varepsilon) \approx 1$.

$$\begin{aligned}\tilde{x}_{\text{OSB}}(t) &\approx \cos(\omega_1 t)\left[\cos(\omega_0 t) + \varepsilon \sin(\omega_0 t)\right] - \sin(\omega_1 t)\sin(\omega_0 t)\\ &= \cos((\omega_0 + \omega_1)t) + \varepsilon \cos(\omega_1 t)\sin(\omega_0 t)\\ &= \cos((\omega_0 + \omega_1)t) + \varepsilon/2\left[\sin((\omega_0 - \omega_1)t) + \sin((\omega_0 + \omega_1)t)\right]\end{aligned}$$
(3.7.8)

Die mittlere Leistung des oberen Seitenbandes beträgt $(1+\varepsilon^2/4)/2$, die des unteren Seitenbandes $\varepsilon^2/4$.

3.7.2 Komplexe Einhüllende analoger Modulationsformen

a) Legt man ein reelles Quellensignal $v(t) \in [-1, +1]$ zu Grunde, findet man beispielsweise für die komplexe Einhüllende in Abbildung 3.2.1A $s(t) = jv(t)$. Nach Gl. (3.3.3a) in [Kam08, S.117] entspricht dies einem reinen Zweiseitenbandsignal. In analoger Weise findet man mittels der Gleichungen (3.3.3a-f), [Kam08, S.117f]:

 A) Reines ZSB-Signal

B,C,D) AM mit Träger

 E) FM, PM, ESB

 F) FM, PM

b) A) $\varphi_0 = \pm \pi/2$

  B) $a_0 = 1.5$, $m = 1.5$

  C) $\varphi_0 = 0$, $a_0 = 1$, $m = 1$

  D) $\varphi_0 = \pi/6$, $a_0 = 3$, $m = 2/3$

  E) FM bei Sinusmodulation ($\eta \geq \pi$), PM ($\Delta\Phi \geq \pi$), ESB mit Sinusmod.

  F) FM bei Sinusmodulation ($\eta = 1.5\pi, \varphi_0 = -\pi/2$), PM ($\Delta\Phi = 1.5\pi$, $\varphi_0 = -\pi/2$)

c) A) kohärent, $\text{Re}\{s(t)e^{-j\pi}\}$

  B) kohärent, $\text{Re}\{s(t)e^{-j3\pi/4}\}$

  C) kohärent, $\text{Re}\{s(t)\}$; inkohärent $|s(t)|$

D) kohärent, $\mathrm{Re}\{s(t)e^{-j\pi/6}\}$; inkohärent $|s(t)|$

E) ESB: kohärent, $\mathrm{Re}\{s(t)e^{-j\varphi_0}\}$; FM: inkohärent $\mathrm{Im}\{\dot{s}(t)/s(t)\}$

F) FM: inkohärent, $\mathrm{Im}\{\dot{s}(t)/s(t)\}$

3.7.3 Spektren analoger Modulationsformen

a) A) ZSB ohne Träger, B) AM mit Träger, C) ESB ohne Träger, D) FM, PM

b) In allen Fällen gilt $f_1 = 1$ kHz; A) $f_0 = 102$ kHz, B) $f_0 = 1.011$ MHz, $m = 1$, C) $f_0 = 2$ MHz (OSB) oder $f_0 = 2.002$ MHz (USB)

c) Bei monofrequenter Anregung eines FM-Modulators ergeben sich nach Gl. (3.2.24) in [Kam08, S. 117] Spektrallinien bei Vielfachen der anregenden Frequenz (s. Abbildung 3.7.2). Die Distanz zwischen den Spektrallinien beträgt somit 1 kHz. Aufgrund der Symmetrie liegt die Trägerfrequenz in der Mitte.

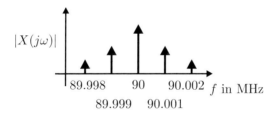

Abbildung 3.7.2: Spektrum eines monofrequent angeregten FM-Signals

3.7.4 AM-Übertragung

a) Das Signal nach dem Quadrierer lautet

$$(v(t) + \cos(\omega_0 t))^2 = v^2(t) + 2v(t)\cos(\omega_0 t) + \cos^2(\omega_0 t)$$
$$= \underbrace{v^2(t)}_{\text{unterdrücken}} + 2\underbrace{v(t)\cos(\omega_0 t)}_{\text{ZSB-Signal}} + \underbrace{0.5 + 0.5\cos(2\omega_0 t)}_{\text{unterdrücken}}. \quad (3.7.9)$$

Es ensteht ein Spektrum, das aus drei Anteilen besteht, einem Gleichanteil, dem gewünschten Zweiseitenbandsignal bei der Trägerfrequenz f_0 und einer hochfrequenten Schwingung mit doppelter Trägerfrequenz. Der Bandpass muss so ausgelegt werden, dass an seinem Ausgang der Anteil $2v(t)\cos(\omega_0 t)$ verbleibt. Für das Modulatorausgangssignal $x(t)$ gilt nach Addition der Trägerschwingung

$$\begin{aligned}x(t) &= 2kv(t)\cos(\omega_0 t) + \cos(\omega_0 t) \\ &= (2kv(t) + 1)\cos(\omega_0 t) \quad \rightarrow \text{AM} - \text{Signal}\end{aligned} \qquad (3.7.10)$$

b) $v(t)$ ist auf die maximale Frequenz f_g begrenzt. Die Quadrierung $v^2(t)$ führt zur Faltung der zugehörigen Spektren. Dadurch ist das Spektrum von $v^2(t)$ auf $2f_g$ begrenzt.

$$2f_g \leq f_{ug} \leq f_0 - f_g \qquad (3.7.11a)$$
$$f_0 + f_g \leq f_{og} \leq 2f_0 \qquad (3.7.11b)$$

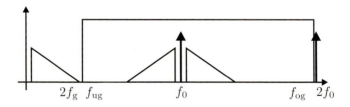

Abbildung 3.7.3: Dimensionierung des Bandpassfilters

c) Der Modulationsgrad m beschreibt das Verhältnis der modulierenden Amplitude zur Trägeramplitude. Im gegebenen Fall ist der Modulationsgrad $m = 2k/1$, so dass aus

$$m = \frac{2k}{1} \stackrel{!}{=} \frac{1}{2} \qquad (3.7.12)$$

die Bedingung $k = 1/4$ folgt.

3.7.5 Dimensionierung eines FM-Signals

a) Es liegt eine komplexe Schwingung um den Phasenmittelwert

$$\varphi_0 = 75° + 135° = 7\pi/6 \qquad (3.7.13)$$

vor. Die maximale Phasenabweichung $\Delta\varphi$ bzw. der Modulationsindex η beträgt

$$\eta = \Delta\varphi = \frac{345° - 75°}{2} = 135° = 3\pi/4 \,. \qquad (3.7.14)$$

Die komplexe Einhüllende lautet

$$s_{\text{FM}}(t) = e^{j(3\pi/4 \sin(2\pi f_{\text{NF}} t) + 7\pi/6)} \,. \qquad (3.7.15)$$

b) Der Frequenzhub ΔF ist mit dem Modulationsindex η verknüpft (vgl. (3.2.18) in [Kam08, S.111]). Es folgt

$$\eta = \Delta F / f_{\text{NF}} \Rightarrow \Delta F = \eta f_{\text{NF}} = 3\pi/4 \cdot 10 \text{ kHz} = 23.6 \text{ kHz} \,. \qquad (3.7.16)$$

c) Ein Vollkreis wird beschrieben, wenn $\eta_2 = \pi$. Die modulierende Frequenz lautet damit

$$\eta_2 = \Delta F / f_{\text{NF},2} \stackrel{!}{=} \pi \Rightarrow f_{\text{NF},2} = \frac{3\pi/4}{\pi} 10 \text{ kHz} = 7.5 \text{ kHz} \,. \qquad (3.7.17)$$

3.7.6 FM-Übertragung eines Dreieckssignals

a) Ein Dreieckssignal setzt sich aus den ungeradzahligen harmonischen Schwingungen (1.5 kHz, 4.5 kHz, 7.5 kHz) zusammen. Anteile höherer Frequenz werden durch die Bandbegrenzung unterdrückt.

$$v(t) = A \left[\cos(\omega_1 t) + \frac{1}{9} \cos(3\omega_1 t) + \frac{1}{25} \cos(5\omega_1 t) \right]$$

$$\max\{v(t)\} = A(1 + 1/9 + 1/25) = A \cdot 1.15 \stackrel{!}{=} 1 \Rightarrow A = \frac{1}{1.15}$$

b) Eine Phasenmodulation wird realisiert, indem das Quellsignal die Phase einer komplexen Schwingung moduliert. FM-Modulation bedeutet zusätzlich eine kontinuierliche Integration der Phase bzw. des Quellsignals. Dadurch werden abrupte Phasenübergänge vermieden und günstigere Spektraleigenschaften bewirkt.

$$x_{\text{FM}}(t) = e^{j\Delta\Omega \int_{-\infty}^{t} v(t')dt'}$$
$$= e^{j(\eta_1 \sin(\omega_1 t) + \eta_2 \sin(3\omega_1 t) + \eta_3 \sin(5\omega_1 t))} \quad (3.7.18)$$

Es wurden die folgenden Konstanten eingeführt

$$\eta_1 = \frac{\Delta F}{f_1} A = \frac{3}{1.5} A = 2A, \quad (3.7.19a)$$

$$\eta_2 = \frac{\Delta F}{3 f_1} \frac{A}{9} = \frac{A}{13.5}, \quad (3.7.19b)$$

$$\eta_3 = \frac{\Delta F}{5 f_1} \frac{A}{25} = \frac{A}{125}. \quad (3.7.19c)$$

Zum Spektrum dieses Signals gelangt man, indem die einzelnen komplexen Schwingungen in eine Fourierreihe entwickelt werden. Die Fourierkoeffizienten entsprechen der Besselfunktion erster Art ν-ter Ordnung, $J_\nu(\cdot)$.

$$x_{\text{FM}}(t) = e^{j\eta_1 \sin(\omega_1 t)} e^{j\eta_2 \sin(3\omega_1 t)} e^{j\eta_3 \sin(5\omega_1 t)}$$
$$= \sum_{\nu=-\infty}^{\infty} J_\nu(\eta_1) e^{j\nu\omega_1 t} \sum_{\mu=-\infty}^{\infty} J_\mu(\eta_2) e^{j\mu 3\omega_1 t} \sum_{\lambda=-\infty}^{\infty} J_\lambda(\eta_3) e^{j\lambda 5\omega_1 t}$$
$$= \sum_{\nu,\mu,\lambda=-\infty}^{\infty} J_\nu(\eta_1) J_\mu(\eta_2) J_\lambda(\eta_3) e^{j\nu\omega_1 t} e^{j\mu 3\omega_1 t} e^{j\lambda 5\omega_1 t}$$

$$(3.7.20)$$

Das Spektrum lautet

$$X_{\text{FM}}(j\omega) = \int_{-\infty}^{\infty} x_{\text{FM}}(t) e^{-j\omega t} d\omega \quad (3.7.21)$$

$$= \sum_{\nu,\mu,\lambda=-\infty}^{\infty} J_\nu(\eta_1) J_\mu(\eta_2) J_\lambda(\eta_3) \delta_0(\omega - (\nu + 3\mu + 5\lambda)\omega_1).$$

Kapitel 4

Einflüsse linearer Verzerrungen

4.1 Schmalband-FM

Wird ein FM-Signal so gering ausgesteuert, dass bei monofrequenter Modulation $v(t) = \cos(\omega_1 t)$ neben der Trägerlinie nur jeweils *eine* weitere Spektrallinie oberhalb und unterhalb des Trägers berücksichtigt werden muss und alle weiteren vernachlässigt werden können, so bezeichnet man dies als Schmalband-FM.

a) Geben Sie einen Ausdruck für den Zeitverlauf der komplexen Einhüllenden eines Schmalband-FM-Signals $s(t)$ an, indem Sie die für $\eta \ll 1$ geltende Näherung $J_1(\eta) = -J_{-1}(\eta) \approx \eta/2$ benutzen. Skizzieren Sie den Betrag der Einhüllenden.

b) Leiten Sie unter Nutzung der exakten Demodulationsvorschrift einen Ausdruck für das demodulierte Signal her.

c) Bestimmen Sie für das demodulierte Signal den Klirrfaktor in Abhängigkeit vom Modulationsindex η, indem Sie eine Reihenentwicklung durchführen.

4.2 AM mit frequenzversetztem Empfangsfilter

Ein nicht übermoduliertes AM-Signal (Modulationsgrad $m < 1$) wird bei einer Trägerfrequenz von f_0 übertragen; der Kanal sei ideal. Am

Empfänger wird ein Filter eingesetzt, dessen Frequenzgang eine Gauß-Charakteristik aufweist. Der Maximalwert ist auf 1 normiert, die 3 dB-Bandbreite beträgt f_{3dB}. Die Mittenfrequenz ist um $\Delta f = f_{\text{3dB}}/2$ gegenüber der Trägerfrequenz verschoben ($f_m = f_0 + \Delta f$).

a) Berechnen Sie für das Empfangsfilter die äquivalente Tiefpass-Übertragungsfunktion bezüglich der Trägerfrequenz f_0.

b) Wie lautet die äquivalente Impulsantwort des NF-Kanals bei kohärenter Demodulation?

c) Es wird eine sinusförmige Modulation vorgenommen, die NF-Frequenz beträgt $f_1 = \Delta f$. Entwickeln Sie einen Ausdruck für das durch Einhüllenden-Demodulation gewonnene Signal. Setzen Sie dabei die in [Kam08] benutzten Näherungen ein. Schätzen Sie den Klirrfaktor ab, indem Sie die Nenner-Ausdrücke in eine Reihe entwickeln und diese nach dem linearen Glied abbrechen. Setzen Sie den Modulationsgrad auf $m = 0.5$.

4.3 Lösungen

4.3.1 Schmalband-FM

a) Allgemein gilt für ein monofrequent angeregtes FM-Signal

$$s_{\text{FM}}(t) = e^{j\eta \sin(\omega_1 t)}$$
$$= \sum_{\nu=-\infty}^{\infty} J_\nu(\eta) e^{j\nu\omega_1 t}. \qquad (4.3.1)$$

Die Besselfunktionen höherer Ordnung verschwinden annähernd für ein kleines Argument η, so dass ein Schmalband-FM Signal in folgende Form übergeht

$$s_{\text{FM}}(t) \approx \underbrace{J_{-1}(\eta)}_{\approx -\eta/2} e^{-j\omega_1 t} + \underbrace{J_0(\eta)}_{\approx 1} + \underbrace{J_1(\eta)}_{\approx \eta/2} e^{j\omega_1 t}$$
$$= 1 + j\eta \sin(\omega_1 t), \qquad (4.3.2)$$

dessen Betrag (s. Abbildung 4.3.1) lautet

$$|s_{\text{FM}}(t)| = \sqrt{1 + \eta^2 \sin^2(\omega_1 t)}. \tag{4.3.3}$$

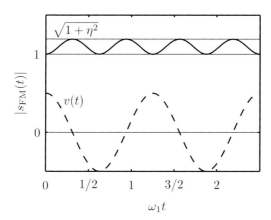

Abbildung 4.3.1: Quellsignal ('- -') und Betragseinhüllende ('-')

Das Spektrum des Schmalband-FM-Signals lautet unter der angenommenen Näherung

$$S_{\text{FM}}(j\omega) = \delta(\omega) + \frac{\eta}{2}\left[\delta(\omega - \omega_1) - \delta(\omega + \omega_1)\right] \tag{4.3.4}$$

Es ist in Abbildung 4.3.2 dargestellt.

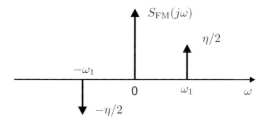

Abbildung 4.3.2: Spektrum eines schmalbandigen FM-Signals

b) Die ideale FM-Demodulationsvorschrift lautet

$$\tilde{v}(t) = \frac{1}{\Delta\Omega}\text{Im}\left\{\frac{\dot{s}_{\text{FM}}(t)}{s_{\text{FM}}(t)}\right\}; \tag{4.3.5}$$

für den gegebenen Fall gilt

$$\tilde{v}(t) = \frac{1}{\Delta\Omega} \operatorname{Im}\left\{\frac{j\eta\omega_1 \cos(\omega_1 t)}{1 + j\eta \sin(\omega_1 t)}\right\}$$

$$= \underbrace{\frac{\eta\omega_1}{\Delta\Omega}}_{=1} \operatorname{Im}\left\{\frac{j\cos(\omega_1 t)(1 - j\eta \sin(\omega_1 t))}{1 + \eta^2 \sin^2(\omega_1 t)}\right\} = \frac{\cos(\omega_1 t)}{1 + \eta^2 \sin^2(\omega_1 t)}.$$

(4.3.6)

Da der Modulationsindex η sehr klein angesetzt wurde, gilt $\tilde{v}(t) \approx \cos(\omega_1 t)$. Das gesendete Signal wird demnach korrekt demoduliert.

c) Unter Ausnutzung der Beziehung $1/(1+x) \approx 1 - x$ ($x \ll 1$) gilt

$$\tilde{v}(t) \approx \cos(\omega_1 t)\left(1 - \eta^2 \sin^2(\omega_1 t)\right)$$
$$= \cos(\omega_1 t) - \eta^2 \cos(\omega_1 t)\sin^2(\omega_1 t)$$

(4.3.7)

Nach Anwendung von Additionstheoremen

$$\cos(\omega_1 t)\sin^2(\omega_1 t) = \cos(\omega_1 t)(1-\cos^2(\omega_1 t)) = \cos(\omega_1 t) - \cos^3(\omega_1 t)$$
$$= \cos(\omega_1 t) - \frac{1}{4}\cos(3\omega_1 t) - \frac{3}{4}\cos(\omega_1 t)$$

(4.3.8)

ergibt sich

$$\tilde{v}(t) \approx \left(1 - \eta^2/4\right)\cos(\omega_1 t) + \frac{1}{4}\eta^2 \cos(3\omega_1 t).$$

(4.3.9)

Der Klirrfaktor, der die Leistung der Oberschwingungen im Vergleich zum Gesamtsignal angibt, lautet

$$K = \frac{\eta^2/4}{\sqrt{(1 - \eta^2/4)^2 + (\eta^2/4)^2}} \approx \eta^2/4 + (\eta^2/4)^2 + \ldots$$

(4.3.10)

4.3.2 AM mit frequenzversetztem Empfangsfilter

a) Per Definition gilt: $\omega_0 = 2\pi f_0$, $\Delta w = 2\pi \Delta f$, sowie $\omega_{3\text{dB}} = 2\pi f_{3\text{dB}}$. Die Übertragungsfunktion eines Gaußfilters sei

$$H(j\omega) = e^{-\alpha\omega^2},$$

(4.3.11)

wobei die Konstante α durch die gewünschte 3 dB-Grenzfrequenz gegeben ist

$$e^{-\alpha \omega_{3\text{dB}}^2} = \frac{1}{\sqrt{2}} \Rightarrow \alpha = \frac{\ln\sqrt{2}}{4\pi^2 f_{3\text{dB}}^2}. \qquad (4.3.12)$$

Das Spektrum des analytischen Bandpasssignals lautet

$$\begin{aligned} H_{\text{BP}}^+(j\omega) &= 2H(j(\omega - \omega_0 - \Delta\omega)) \\ &= 2e^{-\alpha(\omega-(\omega_0+\Delta\omega))^2}. \end{aligned} \qquad (4.3.13)$$

Daraus folgt das äquivalente Tiefpasssignal durch spektrale Verschiebung zu (vgl. (4.12) in [Kam08])

$$H_{\text{TP}}(j\omega) = \frac{1}{\sqrt{2}} H_{\text{BP}}^+(j(\omega + \omega_0)) = \sqrt{2} e^{-\alpha(\omega-\Delta\omega)^2}. \qquad (4.3.14)$$

b) Die äquivalente NF-Übertragungsfunktion nach Gleichung (4.2.10) in [Kam08] lautet

$$H_{\text{NF}}(j\omega) = \mathcal{F}\{h'(t)\} = \text{Ra}\{H(j\omega)\} = \frac{H(j\omega) + H^*(-j\omega)}{2}. \qquad (4.3.15)$$

Entsprechend des Aufgabentextes wird zunächst die auf den Maximalwert 1 normierte Basisband-Übertragungsfunktion definiert

$$H(j\omega) = \frac{H_{\text{TP}}(j\omega)}{H_{\text{TP}}(0)} = \frac{e^{-\alpha(\omega-\Delta\omega)^2}}{e^{-\alpha(\Delta\omega)^2}} = \underbrace{e^{\alpha(\Delta\omega)^2}}_{A} e^{-\alpha(\omega-\Delta\omega)^2}. \qquad (4.3.16)$$

Mit $A = 1.09$ folgt daraus für die äquivalente NF-Übertragungsfunktion

$$\begin{aligned} H_{\text{NF}}(j\omega) &= \frac{1}{2}\left[H(j\omega) + H^*(-j\omega)\right] \\ &= \frac{A}{2}\left[e^{-\alpha(\omega-\Delta\omega)^2} + e^{-\alpha(-\omega-\Delta\omega)^2}\right] \end{aligned} \qquad (4.3.17)$$

Die Impulsantwort einer Gaußförmigen Übertragungsfunktion lautet

$$\mathcal{F}^{-1}\left\{e^{-\alpha\omega^2}\right\} = \frac{1}{2\sqrt{\pi\alpha}} e^{-\frac{t^2}{4\alpha}}. \qquad (4.3.18)$$

Der Verschiebungssatz der Fouriertransformation ergibt weiterhin

$$\mathcal{F}^{-1}\left\{e^{-\alpha(\omega\pm\Delta\omega)^2}\right\} = \mathcal{F}^{-1}\left\{e^{-\alpha\omega^2}\right\}e^{\pm j\Delta\omega t}. \qquad (4.3.19)$$

Die gesuchte Impulsantwort lautet damit

$$h_{\mathrm{NF}}(t) = \frac{A}{2}\frac{1}{2\sqrt{\pi\alpha}}e^{-\frac{t^2}{4\alpha}}\left[e^{j\Delta\omega t} + e^{-j\Delta\omega t}\right] = \frac{A}{2\sqrt{\pi\alpha}}e^{-\frac{t^2}{4\alpha}}\cos(\Delta\omega t). \qquad (4.3.20)$$

c) Die komplexe Einhüllende eines linear verzerrten und kohärent demodulierten AM-Signals lautet (vgl. (4.2.11) in [Kam08, S.143])

$$\tilde{s}_{\mathrm{AM}}(t) = 1 + mv(t) * (h'(t) + jh''(t)). \qquad (4.3.21)$$

Der Einhüllenden-Demodulator bestimmt den Betrag dieses komplexen Signals

$$\tilde{v}(t) = |\tilde{s}_{\mathrm{AM}}(t)| = \sqrt{\Big(1 + m\underbrace{v(t) * h'(t)}_{v_1(t)}\Big)^2 + m^2\Big(\underbrace{v(t) * h''(t)}_{v_2(t)}\Big)^2}$$

$$= \sqrt{(1 + mv_1(t))^2 + m^2 v_2^2(t)}. \qquad (4.3.22)$$

Die Terme $v_1(t)$ und $v_2(t)$ können über den Faltungssatz der Fouriertransformation bestimmt werden (monofrequente Speisung eines linearen Systems).

$$H' = \mathrm{Ra}\{H(j\Delta\omega)\} = \frac{A}{2}\left[e^{-\alpha\cdot 0} + e^{-4\alpha\Delta\omega^2}\right] = H_{\mathrm{NF}}(j\Delta\omega) \quad (4.3.23\mathrm{a})$$

$$H'' = j\mathrm{Ia}\{H(j\Delta\omega)\} = \frac{A}{2}\left[1 - e^{-4\alpha\Delta\omega^2}\right]. \qquad (4.3.23\mathrm{b})$$

Mit $H' = 1 + 1/\sqrt{2} = 1.707$ und $H'' = 1 - 1/\sqrt{2} = 0.293$ folgt

$$v_1(t) = \frac{A}{2}\left[1 + e^{-\alpha\Delta\omega^2}\right]\cos(\omega_1 t) = H'\cos(\omega_1 t), \quad (4.3.24\mathrm{a})$$

$$v_2(t) = \frac{A}{2}\left[1 - e^{-\alpha\Delta\omega^2}\right]\sin(\omega_1 t) = H''\sin(\omega_1 t). \quad (4.3.24\mathrm{b})$$

4.3 Lösungen

Über die Reihenentwicklung der Wurzelfunktion in Gleichung (4.3.22) ergibt sich am Demodulatorausgang (vgl. (4.2.16) in [Kam08])

$$\begin{aligned}\tilde{v}(t) &\approx 1 + mv_1(t) + \frac{m^2 v_2^2(t)}{2(1 + mv_1(t))} \\ &= 1 + mH'\cos(\omega_1 t) + \frac{m^2}{2}\frac{H''^2 \sin^2(\omega_1 t)}{1 + mH'\cos(\omega_1 t)}.\end{aligned} \quad (4.3.25)$$

Zur Bestimmung des Klirrfaktors wird der dritte Term mittels Reihenentwicklung und trigonometrischen Sätzen so umgeformt, dass die angeregten Spektralanteile identifiziert werden können.

$$\begin{aligned}\frac{\sin^2(\omega_1 t)}{1 + mH'\cos(\omega_1 t)} &\approx \frac{1}{2}(1 - \cos(2\omega_1 t))(1 - mH'\cos(\omega_1 t)) \\ &= \frac{1}{2}\big[1 - mH'\cos(\omega_1 t) - \cos(2\omega_1 t) \\ &\quad + mH'\cos(2\omega_1 t)\cos(\omega_1 t)\big]\end{aligned}$$

Nach einer weiteren Umformung

$$\cos(2\omega_1 t)\cos(\omega_1 t) = \frac{1}{2}\left[\cos(3\omega_1 t) + \cos(\omega_1 t)\right]$$

folgt für das demodulierte Signal

$$\begin{aligned}\tilde{v}(t) &= \underbrace{1 + \frac{m^2}{4}H''^2}_{\text{DC}} + mH'\left(1 - \frac{m^2}{8}H''^2\right)\cos(\omega_1 t) \\ &\quad - \frac{m^2}{4}H''^2\cos(2\omega_1 t) + \frac{m^3}{8}H'H''^2\cos(3\omega_1 t)\end{aligned} \quad (4.3.26)$$

Der Klirrfaktor ist bestimmt durch das Verhältnis der Leistung Oberschwingungen zur Gesamtleistung (ohne Gleichanteil).

$$K = \sqrt{\frac{(m^2 H''^2/4)^2 + (m^3 H'H''^2/8)^2}{m^2 H'^2 \left(1 - m^2 H''^2/8\right)^2 + (m^2 H''^2/4)^2 + (m^3 H'H''^2/8)^2}}. \quad (4.3.27)$$

Es ergibt sich $K = 0.68\%$.

Kapitel 5

Additive Störungen

5.1 Sinusförmiger Störer bei FM-Übertragung

Einem FM-Signal ist ein sinusförmiger Störer additiv überlagert, dessen Frequenz um Δf oberhalb der Trägerfrequenz des Nutzsignals liegt. Seine Amplitude wird mit ρ bezeichnet; die Amplitude des Nutzsignals beträgt 1.

$$s_{\text{FM}}(t) = \exp\left(j\Delta\Omega \int_0^t v(t')dt'\right) + \rho e^{j\Delta\omega t} \qquad (5.1.1)$$

a) Entwickeln Sie einen Ausdruck für das Signal, das man nach der Anwendung der idealen Demodulationsvorschrift für FM-Signale erhält. Nutzen Sie hierzu die Reihenentwicklung

$$\frac{x}{x+1} = \sum_{\nu=1}^{\infty} (-1)^{\nu+1} x^\nu \quad \text{für } |x| < 1\,.$$

b) Geben Sie die Leistung der Störung für ein verschwindendes Nutzsignal ($\Delta\Omega = 0$) an. Tragen Sie diese über der Trägerabweichung $\Delta\omega$ auf.

c) Berechnen Sie das Signal-zu-Störverhältnis, indem Sie die unter b) bestimmte Störleistung in Beziehung zur maximalen Nutzleistung $\Delta\Omega_{\max}$ setzen. Nehmen Sie eine Frequenzabweichung von $\Delta\omega = \Delta\Omega_{\max}$ an. Tragen Sie das S/N-Verhältnis in dB über der Störamplitude $0 < \rho < 1$ auf.

5.2 Rauschstörung

Bei einer AM-Übertragung mit einem Modulationsgrad $m = 0.5$ wird weißes Rauschen der spektralen Leistungsdichte $N_0/2$ überlagert. Die Trägeramplitude des Empfangssignals beträgt $a_{\text{AM}} = 1$. Das modulierte Signal ist sinusförmig; die maximale NF-Bandbreite beträgt 6 kHz.

a) Am Empfänger wird nach einer Einhüllenden-Demodulation ein $(S/N)_{\text{NF}} = 10$ dB gemessen. Bestimmen Sie die spektrale Leistungsdichte.

b) Unter der gleichen Rauschleistungsdichte wird nun eine FM-Übertragung durchgeführt. Der Frequenzhub beträgt 75 kHz, die maximale NF-Bandbreite 15 kHz (UKW-Mono). Berechnen Sie das S/N-Verhältnis nach der Demodulation.

5.3 Lösungen

5.3.1 Sinusförmiger Störer bei FM-Übertragung

a) Das Empfangssignal lautet

$$s_{\text{FM}}(t) = \underbrace{e^{j\varphi_1(t)}}_{\text{Nutzanteil}} + \underbrace{\rho e^{j\varphi_2(t)}}_{\text{Störer}} \qquad (5.3.1)$$

mit

$$\varphi_1(t) = \Delta\Omega \int_0^t v(t')dt', \qquad (5.3.2\text{a})$$
$$\varphi_2(t) = 2\pi\Delta f t = \Delta\omega t. \qquad (5.3.2\text{b})$$

Die ideale Demodulationsvorschrift für ein FM-Signal lautet

$$\tilde{w}(t) = \text{Im}\left\{\frac{\dot{s}_{\text{FM}}(t)}{s_{\text{FM}}(t)}\right\}. \qquad (5.3.3)$$

Die zeitliche Ableitung des Empfangssignals lautet

$$\dot{s}_{\text{FM}}(t) = j\dot{\varphi}_1(t)e^{j\varphi_1(t)} + j\rho\dot{\varphi}_2(t)e^{j\varphi_2(t)}$$
$$= j\left[\Delta\Omega v(t)e^{j\varphi_1(t)} + \Delta\omega e^{j\varphi_2(t)}\right]. \qquad (5.3.4)$$

5.3 Lösungen

Das Signal am Demodulatorausgang (5.3.3) lautet damit

$$\tilde{w}(t) = \operatorname{Im}\left\{j\frac{\dot{\varphi}_1(t)e^{j\varphi_1(t)} + \rho\dot{\varphi}_2(t)e^{j\varphi_2(t)}}{e^{j\varphi_1(t)} + \rho e^{j\varphi_2(t)}}\right\} \quad (5.3.5a)$$

$$= \operatorname{Im}\left\{j\frac{\dot{\varphi}_1(t) + \rho\dot{\varphi}_2(t)e^{j(\varphi_2(t)-\varphi_1(t))}}{1 + \rho e^{j(\varphi_2(t)-\varphi_1(t))}}\right\} \quad (5.3.5b)$$

Mit $\Delta\varphi(t) = \varphi_2(t) - \varphi_1(t)$ gilt

$$\tilde{w}(t) = \operatorname{Re}\left\{\frac{\dot{\varphi}_1(t) + \rho\dot{\varphi}_2(t)e^{j\Delta\varphi(t)} + \rho\dot{\varphi}_1(t)e^{j\Delta\varphi(t)} - \rho\dot{\varphi}_1(t)e^{j\Delta\varphi(t)}}{1 + \rho e^{j\Delta\varphi(t)}}\right\}$$

$$(5.3.5c)$$

$$= \operatorname{Re}\left\{\dot{\varphi}_1(t)\underbrace{\frac{1 + \rho e^{j\Delta\varphi(t)}}{1 + \rho e^{j\Delta\varphi(t)}}}_{=1} + \frac{\rho(\dot{\varphi}_2(t) - \dot{\varphi}_1(t))e^{j\Delta\varphi(t)}}{1 + \rho e^{j\Delta\varphi(t)}}\right\} \quad (5.3.5d)$$

$$= \dot{\varphi}_1(t) + \underbrace{\operatorname{Re}\left\{\frac{\rho(\dot{\varphi}_2(t) - \dot{\varphi}_1(t))e^{j\Delta\varphi(t)}}{1 + \rho e^{j\Delta\varphi(t)}}\right\}}_{=\Delta w(t)}. \quad (5.3.5e)$$

Nach der Demodulation ist das Nutzsignal $\dot{\varphi}_1(t)$ von einer Reststörphase $\Delta w(t)$ überlagert.

$$\Delta w(t) = \Delta\dot{\varphi}(t)\operatorname{Re}\left\{\frac{\rho e^{j\Delta\varphi(t)}}{1 + \rho e^{j\Delta\varphi(t)}}\right\} \quad (5.3.6a)$$

$$= \Delta\dot{\varphi}(t)\operatorname{Re}\left\{\sum_{\nu=1}^{\infty}(-1)^{\nu+1}\rho^{\nu}e^{j\nu\Delta\varphi(t)}\right\} \quad (5.3.6b)$$

$$= \Delta\dot{\varphi}(t)\sum_{\nu=1}^{\infty}(-1)^{\nu+1}\rho^{\nu}\cos(\nu\Delta\varphi(t)) \quad (5.3.6c)$$

Die Differenzphase $\Delta\dot{\varphi}(t) = \dot{\varphi}_2(t) - \dot{\varphi}_1(t) = \Delta\omega - \Delta\Omega v(t)$ kann wegen ihrer Reellwertigkeit vor die Realteilbildung gezogen werden. Das demodulierte Signal lautet somit

$$\tilde{w}(t) = [\Delta\omega - \Delta\Omega v(t)]\sum_{\nu=1}^{\infty}(-1)^{\nu+1}\rho^{\nu}\cos(\nu\Delta\varphi(t)). \quad (5.3.7)$$

b) Für ein verschwindendes Nutzsignal, $\Delta\Omega = 0$, lautet das demodulierte Signal

$$\tilde{\omega}(t) = \Delta w(t) = \Delta\omega \sum_{\nu=1}^{\infty} (-1)^{\nu+1} \rho^{\nu} \cos(\nu\Delta\varphi(t)) \,. \qquad (5.3.8)$$

Die Störleistung lautet damit

$$\sigma_{\Delta\omega}^2 = \mathrm{E}\{\Delta\omega^2(t)\} = \Delta\omega^2 \frac{1}{2} \sum_{\nu=1}^{\infty} \rho^{2\nu} \,. \qquad (5.3.9)$$

Dies zeigt man, indem man das Betragsquadrat innerhalb des Erwartungswertes ausführt

$$\sigma_{\Delta\omega}^2 = \mathrm{E}\Big\{ \Delta\omega \sum_{\nu=1}^{\infty} (-1)^{\nu+1} \rho^{\nu} \cos(\nu\Delta\varphi(t))$$

$$\cdot \Delta\omega \sum_{\nu'=1}^{\infty} (-1)^{\nu'+1} \rho^{\nu'} \cos(\nu'\Delta\varphi(t)) \Big\} \qquad (5.3.10)$$

Die Erwartungswertbildung wirkt sich nur auf die zeitlich veränderlichen Größen aus

$$\sigma_{\Delta\omega}^2 = \Delta\omega^2 \sum_{\nu=1}^{\infty} \sum_{\nu'=1}^{\infty} (-1)^{\nu+1}(-1)^{\nu'+1} \rho^{\nu} \rho^{\nu'}$$

$$\cdot \underbrace{\mathrm{E}\big\{ \cos(\nu\Delta\varphi(t)) \cos(\nu'\Delta\varphi(t)) \big\}}_{\delta(\nu-\nu')/2} \,. \qquad (5.3.11)$$

Daraus folgt (5.3.9). Mit der geometrischen Reihe $\sum\limits_{\nu=1}^{\infty} \rho^{2\nu} = \frac{\rho^2}{1-\rho^2}$ ergibt sich eine quadratische Abhängigkeit der spektralen Leistungsdichte von der Frequenz

$$\sigma_{\Delta\omega}^2 = \frac{\Delta\omega^2}{2} \frac{\rho^2}{1-\rho^2} \,; \qquad (5.3.12)$$

sie ist in Abbildung 5.3.1 dargestellt.

c) Das Signal-zu-Störverhältnis für die Leistung $\sigma_v^2 = 1/2$ des Nutzsignals $v(t)$ und $\Delta\Omega = \Delta\omega$ lautet

$$S/N = \frac{\mathrm{E}\{|\dot{\varphi}_1(t)|^2\}}{\sigma_{\Delta\omega}^2} = \frac{\Delta\Omega^2 \sigma_v^2}{\frac{1}{2} \frac{\rho^2}{1-\rho^2} \Delta\omega^2} = \frac{1-\rho^2}{\rho^2} \qquad (5.3.13)$$

5.3 Lösungen

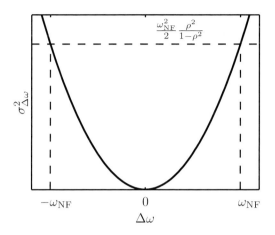

Abbildung 5.3.1: Störleistung $\sigma^2_{\Delta\omega}$ über der Störerfrequenz $\Delta\omega$

und ist in Abbildung 5.3.2 dargestellt.

5.3.2 Rauschstörung

a) Zunächst wird das gegeben Signal-zu-Rauschverhältnis in einen linearen Wert umgerechnet

$$(S/N)_{\text{NF,dB}} = 10\log_{10}\left((S/N)_{\text{NF}}\right) = 10 \text{ dB} \Rightarrow (S/N)_{\text{NF}} = 10. \tag{5.3.14}$$

Nach Gl. (5.2.7) in [Kam08] gilt für das S/N-Verhältnis am Demodulatorausgang

$$(S/N)_{\text{NF}} = \frac{a^2_{\text{AM}} m^2 \sigma^2_v}{N_0 b_{\text{NF}}} \tag{5.3.15}$$

Daraus folgt für die spektrale Leistungsdichte N_0 das additiven Rauschens

$$N_0 = \frac{a^2_{\text{AM}} m^2 \sigma^2_v}{10 \cdot b_{\text{NF}}} = \frac{1(1/2)^2 1/2}{10 \cdot 6} = \frac{1}{480\,\text{kHz}} \tag{5.3.16}$$

b) Laut Gleichung (5.2.40) in [Kam08] gilt für das S/N-Verhältnis am

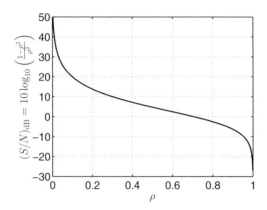

Abbildung 5.3.2: Signal-zu-Rauschverhältnis in dB

Ausgang eines FM-Demodulators

$$(S/N)_{\text{NF}} = 3a_{\text{FM}}^2 \frac{\eta_{\min}^2 \sigma_v^2}{N_0 b_{\text{NF}}}. \tag{5.3.17}$$

Die Größe $\eta_{\min} = \frac{\Delta F}{b_{\text{NF}}}$ beträgt

$$\eta_{\min} = \frac{75}{15} = 5, \tag{5.3.18}$$

so dass das S/N-Verhältnis lautet

$$(S/N)_{\text{NF}} = \frac{3 \cdot 1 \cdot 25 \cdot 1/2 \cdot 480 \text{ kHz}}{15 \text{ kHz}} \Rightarrow (S/N)_{\text{NF,dB}} = 30.6 \text{ dB}. \tag{5.3.19}$$

Kapitel 6

Zwei Systembeispiele für analoge Modulation

6.1 UKW-Stereo

Die Einführung des Stereo-Rundfunks musste eine Abwärtskompatibilität zu bereits vorhandenen UKW-Mono-Empfängern garantieren. Als Lösung wurde die Übertragung eines Stereo-Multiplex-Signals gewählt. Im Frequenzmultiplex werden hier ein Summensignal (bzw. das Monosignal) sowie ein Differenzsignal gesendet; daraus lassen sich der rechte und linke Kanal wiederherstellen.

Im Folgenden wird die Kanaltrennung nach der Stereodecodierung betrachtet. Nehmen Sie als Links- und Rechtssignal Kosinusschwingungen an

$$\begin{aligned}\ell(t) &= \cos(2\pi f_\ell t)\,, \\ r(t) &= \cos(2\pi f_r t)\end{aligned}$$

mit den Frequenzen $f_\ell = 1$ kHz und $f_r = 1.5$ kHz. Das Stereo-Multiplex-Signal wird über einen Kanal mit der Übertragungsfunktion

$$H(j2\pi f) = \begin{cases} 1\,, & |f| < 38 \text{ kHz} \\ -0.1\frac{f}{1\text{kHz}} + 4.8\,, & 38 \text{ kHz} \leq |f| \leq 48 \text{ kHz} \\ 0, & \text{sonst}\,. \end{cases} \quad (6.1.1)$$

gesendet. Bestimmen Sie die Kanaltrennung nach der Stereo-Kanaltrennung als Leistungsverhältnis von Nutz- zu Störanteil für den linken und den rechten Kanal.

6.2 Lösungen

6.2.1 UKW-Stereo

a) Das Empfangssignal lautet (vgl. (6.23) in [Kam08, S.194])

$$m(t) = x_\ell(t) + x_r(t) + \bigl(x_\ell(t) - x_r(t)\bigr)\cos(2\pi f_H t)\,. \qquad (6.2.1)$$

Die Hilfsträgerfrequenz beträgt $f_H = 38$ kHz. Der Kanal beeinflusst nur das Differenzsignal

$$H(j2\pi \cdot 36.5 \text{ kHz}) = 1 \qquad (6.2.2\text{a})$$
$$H(j2\pi \cdot 37 \text{ kHz}) = 1 \qquad (6.2.2\text{b})$$
$$H(j2\pi \cdot 39 \text{ kHz}) = 0.9 \qquad (6.2.2\text{c})$$
$$H(j2\pi \cdot 39.5 \text{ kHz}) = 0.85\,. \qquad (6.2.2\text{d})$$

Im Folgenden wird davon ausgegangen, dass Summen- und Differenzfilter durch geeignete Filter getrennt werden können. Das Differenzsignal im Bandpassbereich entspricht einem reinen Zweiseitenbandsignal; das entsprechende analytische Signal lautet

$$x_{\text{diff}}^+(t) = e^{j2\pi 37 \text{kHz} t} - e^{j2\pi 36.5 \text{kHz} t} + 0.9\, e^{j2\pi 39 \text{kHz} t} - 0.85\, e^{j2\pi 39.5 \text{kHz} t}\,. \qquad (6.2.3)$$

Nach einer kohärenten Zweiseitenband-Demodulation liegt das gewünschte Differenzsignal vor

$$\tilde{x}_{\text{diff}}(t) = \operatorname{Re}\left\{x_{\text{diff}}^+(t) e^{-j2\pi 38 \text{kHz}\cdot t}\right\} \qquad (6.2.4)$$
$$= \operatorname{Re}\bigl\{e^{-j2\pi 1 \text{kHz}\cdot t} + 0.9 e^{j2\pi 1 \text{kHz}\cdot t}$$
$$\quad - e^{j2\pi 1.5 \text{kHz}\cdot t} - 0.85 e^{j2\pi 1.5 \text{kHz}\cdot t}\bigr\}$$
$$= \frac{1.9}{2}\cos(2\pi 1 \text{kHz}\cdot t) - \frac{1.85}{2}\cos(2\pi 1.5 \text{kHz}\cdot t)\,.$$

Die Stereodecodierung zur Kanaltrennung bestehen in der Addition bzw. Subtraktion von Summen- und Differenzsignal. Der linke Kanal folgt aus der Addition

$$\tilde{x}_\ell(t) = \bigl(\tilde{x}_{\text{sum}}(t) + \tilde{x}_{\text{diff}}(t)\bigr)/2 \qquad (6.2.5)$$
$$= \frac{1}{2}\bigl(\cos(\omega_1 t) + \cos(\omega_2 t) + 0.95\cos(\omega_1 t) - 0.925\cos(\omega_2 t)\bigr)$$
$$= 0.975\cos(\omega_1 t) + 0.0375\cos(\omega_2 t)$$
$$= 0.975 x_\ell(t) + 0.0375 x_r(t)\,.$$

6.2 Lösungen

Analog folgt für den rechten Kanal

$$\tilde{x}_r(t) = \frac{\tilde{x}_{\text{sum}}(t) - \tilde{x}_{\text{diff}}(t)}{2} \qquad (6.2.6)$$
$$= 0.9625 x_r(t) + 0.025 x_\ell(t)\,.$$

Die Kanaltrennung im linken Kanal ist gegeben durch das Leistungsverhältnis $20\log(0.975/0.0375) = 28.3$ dB und im rechten Kanal durch $20\log(0.9625/0.025) = 32.7$ dB.

Kapitel 7

Diskretisierung analoger Quellensignale

7.1 Sigma-Delta-Modulator

Gegeben ist der Sigma-Delta-Modulator 1. Ordnung in Abbildung 7.1.1.

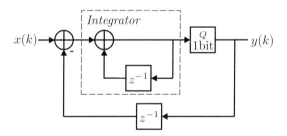

Abbildung 7.1.1: Sigma-Delta-Modulator

a) Die Quantsierung Q soll durch die Addition eines Fehlersignals $e(k)$ ersetzt werden. Zeichnen Sie das äquivalente Blockschaltbild für diesen Fall.

b) Geben Sie die Differenzengleichung für das Ausgangssignal $y(k)$ an. Vereinfachen Sie den Ausdruck so weit wie möglich.

   Hinweis: Führen Sie Hilfsvariablen am Ein- und Ausgang des Integrators ein oder vereinfachen Sie das Blockschaltbild graphisch.

c) Zeichnen Sie das Blockschaltbild des vereinfachten Ausdrucks.

d) Berechnen Sie die Rauschübertragungsfunktion

$$H_E(z) = \left.\frac{Y(z)}{E(z)}\right|_{X(z)=0}$$

und skizzieren Sie den Betrag $|H_E(e^{j\Omega})|$ der Frequenzantwort.

7.2 Sigma-Delta-A/D-Wandler

Ein Sigma-Delta-A/D-Wandler gibt einen überabgetasteten 1-Bit-Datenstrom aus. Dieser sollte idealerweise mit einem idealen Tiefpass gefiltert und anschließend um einen Faktor w unterabgetastet werden. Um diese Filterung zu vermeiden, wird häufig ein digitaler Integrate-and-Dump-Vorgang (ID) angewendet, bei dem das 1-Bit-Signal mittels eines Zählers über w Takte aufaddiert wird und der resultierende Zählerstand als PCM-Datenwort im niedrigeren Sampletakt verwendet wird.

a) Einer Filterung mit welcher Impulsantwort $h_{\text{ID}}(k)$ entspricht dieses Vorgehen? Geben Sie einen Ausdruck dafür an und skizzieren Sie die zeitdiskrete, kausale Impulsantwort.

b) Wie lautet die Übertragungsfunktion $H_{\text{ID}}(e^{j\Omega})$?

c) Um welchen Faktor erhöht sich die Rauschgesamtleistung, wenn dieses Vorgehen anstatt einer idealen Tiefpassfilterung angewendet wird? Nehmen Sie für das Leistungsdichtespektrum des Quantisierungsrauschens $S_{nn}(e^{j\Omega}) = \sigma_n^2 \sin^2(\Omega/2)$ an und normieren Sie den Tiefpass und das Filter aus a) so, dass sie für $\Omega = 0$ die Amplitude 1 aufweisen.

d) Berechnen Sie den Faktor aus b) in dB für $w = 8$.

7.3 Pulsamplituden-Modulation (PAM)

Ein zeitdiskretes Signal wird mit einer Pulsamplitudenmodulation (PAM) in den analogen Bereich umgesetzt. Das Signal sei $x(k) = \cos(k\Omega_0)$ mit $\Omega_0 = \pi/4$ und die Abtastfrequenz des zeitdiskreten System sei $f_A = 8\,\text{kHz}$.

a) Berechnen Sie den Klirrfaktor K des rekonstruierten Signals für eine Pulsbreite $\Delta T = \frac{1}{f_A}$ zunächst allgemein.

b) Geben Sie einen Zahlenwert für K unter Verwendung der fünf ersten nicht verschwindenen Harmonischen an.

7.4 Lineare Prädiktion (DPCM)

Ein zeitdiskretes System erzeugt ein Signal $v(k)$ aus einem reellwertigen, unkorrelierten, mittelwertfreien Rauschsignal $q(k)$ der Leistung σ_q^2 mittels der Vorschrift

$$v(k) = q(k) + \rho \cdot v(k-1). \qquad (7.4.1)$$

$v(k)$ beschreibt ein sogenanntes autoregressives Signal (AR-Signal) [KK06].

a) Zeichnen Sie das Blockschaltbild dieses Systems.

b) Was können sie bezüglich der Stabilität dieses Systems aussagen?

c) Bestimmen Sie die Autokorrelationsfolge $r_{VV}(\kappa)$.

Dieses Signal $v(k)$ wird nun mittels eines linearen Prädiktors zweiter Ordnung prädiziert.

d) Stellen sie die Wiener-Hopf-Gleichung auf und lösen Sie sie nach dem Prädiktionsfehlerkoeffizientenvektor.

e) Zeichnen Sie das Blockschaltbild des Prädiktionsfehlerfilters $H_e(z) = 1 - z^{-1}P(z)$. Berechnen Sie die Systemfunktion des Prädiktionsfehlerfilters.

f) Bestimmen Sie die Gesamtübertragungsfunktion bestehend aus einer Reihenschaltung des Systems aus a) und des Prädiktionsfehlerfilters. Berechnen Sie die Autokorrelationsfolge $r_{UU}(\kappa)$ des Ausgangssignals $u(k)$ des Prädiktionsfehlerfilters, das den Prädiktionsfehler darstellt.

g) Was vermuten Sie, wie sich der Prädiktionsfehlerkoeffizientenvektor verändert, wenn die Prädiktorordnung erhöht wird?

7.5 Lösungen

7.5.1 Sigma-Delta-Modulator

a) Abbildung 7.5.1 zeigt die Ersetzung der Quantisierung Q durch Addition des Fehlersignals $e(k)$.

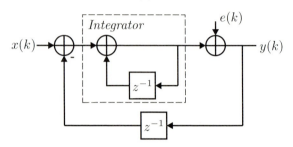

Abbildung 7.5.1: Ersetzung der Quantisierung Q durch Addition des Fehlersignals $e(k)$

b) Zur Systemgleichung gelangt man durch die Einführung folgender Hilfsvariablen. Das Eingangssignal des Integrators sei $a(k) = x(k) - y(k-1)$ und das Ausgangssignal $b(k) = a(k) + b(k-1)$. Weiterhin gilt für das Ausgangssignal $y(k) = e(k) + b(k)$. Damit lässt sich zeigen, dass

$$y(k) = x(k) + e(k) - e(k-1). \qquad (7.5.1)$$

c) Abbildung 7.5.2 zeigt das vereinfachte Blockschaltbild.

d) Die Systemgleichung im z-Bereich lautet

$$Y(z) = X(z) + E(z) - z^{-1}E(z). \qquad (7.5.2)$$

Um die Rauschübertragungsfunktion zu bestimmen, wird das Eingangssignal zu Null gesetzt, $X(z) = 0$. Daraus folgt

$$H_E(z) = 1 - z^{-1} \qquad (7.5.3a)$$

$$H_E(e^{j\Omega}) = 1 - e^{-j\Omega} \qquad (7.5.3b)$$

$$\left|H_E(e^{j\Omega})\right| = \left|e^{j\Omega/2} - e^{-j\Omega/2}\right| \qquad (7.5.3c)$$

$$= 2\left|\sin(\Omega/2)\right| \qquad (7.5.3d)$$

7.5 Lösungen

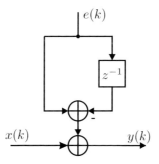

Abbildung 7.5.2: Vereinfachtes Blockschaltbild

Hierbei wurde ausgenutzt, dass die zeitdiskrete Fouriertransformation (DTFT) der z-Transformation entlang des Einheitskreises ($z = e^{j\Omega}$) entspricht. Der Frequenzgang ist in Abbildung 7.5.3 dargestellt. Die Hochpasscharakteristik verdeutlicht den Effekt der spektralen Rauschformung, d.h. die Rauschleistung wird von der tieffrequenten Nutzbandbreite in den hochfrequenten Bereich verschoben.

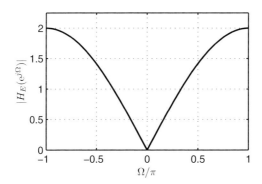

Abbildung 7.5.3: Betrag der Rauschübertragungsfunktion

7.5.2 Sigma-Delta-A/D-Wandler

a) Die Addition von w Eingangswerten wird mittels eines Filters mit der Impulsantwort

$$h_{\text{ID}}(k) = \begin{cases} 1, & 0 \leq k \leq w-1 \\ 0, & \text{sonst} \end{cases} \qquad (7.5.4)$$

realisiert (vgl. dazu Abbildung 7.5.4).

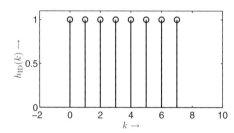

Abbildung 7.5.4: Integrate-and-Dump-Filter für $w = 8$

b) Die Übertragungsfunktion folgt aus der DTFT (*Discrete-Time Fourier Transform*) der Impulsantwort, das heißt

$$H_{\text{ID}}(e^{j\Omega}) = \sum_{k=-\infty}^{\infty} h_{\text{ID}}(k) e^{-j\Omega k} = e^{j\frac{w-1}{2}\Omega} \frac{\sin(w\frac{\Omega}{2})}{\sin(\frac{\Omega}{2})}. \qquad (7.5.5)$$

c) Mit der Konstanten

$$\left| H_{\text{ID}}(e^{j0}) \right| = w \qquad (7.5.6)$$

folgt die normierte Übertragungsfunktion zu

$$H_{\text{ID,norm}}(e^{j\Omega}) = e^{j\frac{w-1}{2}\Omega} \frac{\sin(w\frac{\Omega}{2})}{w \sin(\frac{\Omega}{2})}. \qquad (7.5.7)$$

Die Leistung ist bestimmt durch

$$P_{\text{n,ID}} = \int_{-\pi}^{\pi} \left| H_{\text{ID,norm}}(e^{j\Omega}) \right|^2 S_{nn}(e^{j\Omega}) d\Omega = \sigma_n^2 \frac{1}{w^2} \pi. \qquad (7.5.8)$$

7.5 Lösungen

Ein idealer Tiefpass ist beschrieben durch

$$H_{\mathrm{TP}}(e^{j\Omega}) = \begin{cases} 1 & |\Omega| \leq \frac{\pi}{w} \\ 0 & \text{sonst.} \end{cases} \qquad (7.5.9)$$

Seine Leistung ist gegeben durch

$$P_{\mathrm{n,TP}} = \int_{-\pi}^{\pi} \left|H_{\mathrm{TP}}(e^{j\Omega})\right|^2 S_{nn}(e^{j\Omega}) d\Omega = \sigma_n^2 \left(\frac{\pi}{w} - \sin\left(\frac{\pi}{w}\right)\right). \qquad (7.5.10)$$

Das Leistungsverhältnis lautet

$$\frac{P_{\mathrm{n,ID}}}{P_{\mathrm{n,TP}}} = \frac{\sigma_n^2 \frac{1}{w^2}\pi}{\sigma_n^2 \left(\frac{\pi}{w} - \sin(\frac{\pi}{w})\right)} = \frac{\frac{1}{w^2}\pi}{\left(\frac{\pi}{w} - \sin(\frac{\pi}{w})\right)} = \frac{\pi}{w\pi - w^2 \sin(\frac{\pi}{w})}. \qquad (7.5.11)$$

d) Für $w = 8$ gilt

$$\frac{P_{\mathrm{n,ID}}}{P_{\mathrm{n,TP}}} = \frac{\pi}{w\pi - w^2 \sin(\frac{\pi}{w})} = \frac{\pi}{8\pi - 64\sin(\frac{\pi}{8})} = 4.9 = 6.9\,\mathrm{dB}. \qquad (7.5.12)$$

Verglichen mit dem idealen Tiefpassfilter ist die Rauschleistung durch Integrate-and-Dump um den Faktor 5 größer.

7.5.3 Pulsamplituden-Modulation (PAM)

Ein allgemeines PAM-Signal folgt der Faltungsbeziehung

$$x_{\mathrm{PAM}}(t) = T \sum_{k=-\infty}^{\infty} x(k) g(t - kT). \qquad (7.5.13)$$

Die Fouriertransformation dieses Signals lautet

$$X_{\mathrm{PAM}}(j\omega) = X(e^{j\Omega}) G(j\omega) \qquad (7.5.14)$$

mit $\Omega = \omega T$. Bei $X(e^{j\Omega})$ handelt es sich um die DTFT des zeitdiskreten Signals $x(k)$. Die Periodizität der DTFT führt zu Oberschwingungen im gesamten kontinuierlichen Spektrum, die durch das Filter $G(j\omega)$ gedämpft werden.

a) Das Spektrum des Rekonstruktionsfilter $g(t) = \frac{1}{T} \cdot \text{rect}(t/T)$ lautet

$$G(j\omega) = \frac{2}{\omega T} \sin(\omega T/2). \quad (7.5.15)$$

Die DTFT des zeitdiskreten Signals lautet

$$\begin{aligned}X(e^{j\Omega}) &= \sum_{k=-\infty}^{\infty} \cos(\Omega_0 k) e^{-j\Omega k} \\ &= \frac{1}{2}\left(\delta\left((\Omega + \Omega_0)_{2\pi}\right) + \delta\left((\Omega - \Omega_0)_{2\pi}\right)\right),\end{aligned} \quad (7.5.16)$$

wobei die Modulofunktion $(\cdot)_{2\pi}$ die Periodizität des Spektrums eines abgetasteten Signals wiederspiegelt. Die zeitkontinuierliche Frequenz f_0 der Kosinusschwingung folgt aus der normierten Kreisfrequenz Ω_0 und der Abtastfrequenz f_A

$$\Omega_0 = 2\pi f_0 T = 2\pi f_0/f_A \quad \Rightarrow \quad f_0 = \frac{\Omega_0}{2\pi} f_A = 1\,\text{kHz}. \quad (7.5.17)$$

Nach (7.5.16) ergeben sich daher Spiegelspektren (Images) bei den Frequenzen

$$\begin{aligned}f_I &= n \cdot f_A \pm f_0, \quad n = 1, 2, 3, \cdots \\ &= f_0 \cdot (n \cdot f_A/f_0 \pm 1) = f_0 \cdot \left(n \cdot \frac{2\pi}{\Omega_0} \pm 1\right),\end{aligned} \quad (7.5.18)$$

so dass das Spektrum des PAM-Signals lautet

$$X_{\text{PAM}}(j\omega) = G(j\omega_0) \quad (7.5.19)$$
$$+ \sum_{n=1}^{\infty} [G(j\omega_0(2\pi n/\Omega_0 + 1)) + G(j\omega_0(2\pi n/\Omega_0 - 1))].$$

Der Klirrfaktor lautet somit

$$K = \sqrt{\frac{\sum_{n=1}^{\infty} G\left(j\omega_0\left(n\frac{2\pi}{\Omega_0}+1\right)\right)^2 + G\left(j\omega_0\left(n\frac{2\pi}{\Omega_0}-1\right)\right)^2}{G(j\omega_0)^2 + \sum_{n=1}^{\infty} G(j\omega_0\left(n\frac{2\pi}{\Omega_0}+1\right))^2 + G\left(j\omega_0\left(n\frac{2\pi}{\Omega_0}-1\right)\right)^2}}.$$
$$(7.5.20)$$

7.5 Lösungen

Das Einsetzen der si-Funktion für $G(j\omega)$ ergibt

$$K = \sqrt{\frac{\sum_{n=1}^{\infty} \frac{2^2 \sin^2(\Omega_0/2)}{\omega_0^2 \left(n \cdot \frac{2\pi}{\Omega_0}+1\right)^2} + \frac{2^2 \sin^2(\Omega_0/2)}{\omega_0^2 \left(n \cdot \frac{2\pi}{\Omega_0}-1\right)^2}}{\frac{2^2}{\omega_0^2}\sin^2(\Omega_0/2) + \sum_{n=1}^{\infty} \frac{2^2 \sin^2(\Omega_0/2)}{\omega_0^2 \left(n \cdot \frac{2\pi}{\Omega_0}+1\right)^2} + \frac{2^2 \sin^2(\Omega_0/2)}{\omega_0^2 \left(n \cdot \frac{2\pi}{\Omega_0}-1\right)^2}}},$$
(7.5.21)

so dass für den Klirrfaktor schließlich folgt

$$K = \sqrt{\frac{\sum_{n=1}^{\infty} \frac{1}{\left(n \cdot \frac{2\pi}{\Omega_0}+1\right)^2} + \frac{1}{\left(n \cdot \frac{2\pi}{\Omega_0}-1\right)^2}}{1 + \sum_{n=1}^{\infty} \frac{1}{\left(n \cdot \frac{2\pi}{\Omega_0}+1\right)^2} + \frac{1}{\left(n \cdot \frac{2\pi}{\Omega_0}-1\right)^2}}}.$$
(7.5.22)

b) Mit $\frac{2\pi}{\Omega_0} = 8$ folgt für die ersten fünf Harmonischen

$$K = \sqrt{\frac{\sum_{n=1}^{2} \frac{1}{(8n+1)^2} + \frac{1}{(8n-1)^2}}{1 + \sum_{n=1}^{2} \frac{1}{(8n+1)^2} + \frac{1}{(8n-1)^2}}}$$

$$= \sqrt{\frac{\frac{1}{(8+1)^2} + \frac{1}{(8-1)^2} + \frac{1}{(16+1)^2} + \frac{1}{(16-1)^2}}{1 + \frac{1}{(8+1)^2} + \frac{1}{(8-1)^2} + \frac{1}{(16+1)^2} + \frac{1}{(16-1)^2}}} = 3.907\%.$$
(7.5.23)

7.5.4 Lineare Prädiktion (DPCM)

a) Die gegebene Differenzengleichung beschreibt ein sogenanntes autoregressives Model 1.Ordnung. Dessen Blockschaltbild ist in Abbildung 7.5.5 dargestellt.

b) Das System ist rekursiv, so dass Stabilitätsbetrachtungen eine Rolle spielen. Die Übertragungsfunktion des Systems lautet $\frac{V(z)}{Q(z)} = \frac{1}{1-\rho z^{-1}}$ und besitzt einen Pol an der Position ρ. Stabilität ist garantiert für $|\rho| < 1$, solange also dieser Pol innerhalb des Einheitskreises verbleibt.

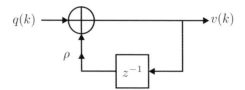

Abbildung 7.5.5: AR-Modell 1. Ordnung

c) Die Definition einer AKF lautet allgemein

$$r_{VV}(\kappa) = \mathrm{E}\left\{v^*(k)v(k+\kappa)\right\}. \tag{7.5.24}$$

Um diese Funktion zu bestimmen, wird zunächst $v(k)$ ersetzt. Anschließend wird der Erwartungswert über die entstehenden Terme gebildet

$$\begin{aligned}
r_{VV}(\kappa) &= \mathrm{E}\left\{(q^*(k) + \rho^* \cdot v^*(k-1))\left(q(k+\kappa) + \rho \cdot v(k+\kappa-1)\right)\right\} \\
&= \mathrm{E}\left\{q^*(k)q(k+\kappa)\right\} + \rho\mathrm{E}\left\{q^*(k)v(k+\kappa-1)\right\} \\
&\quad + \rho^*\mathrm{E}\left\{v^*(k-1)q(k+\kappa)\right\} + |\rho|^2\mathrm{E}\left\{v^*(k-1)v(k+\kappa-1)\right\} \\
&= r_{QQ}(\kappa) + \rho r_{QV}(\kappa-1) + \rho^* r_{VQ}(\kappa+1) + |\rho|^2 r_{VV}(\kappa).
\end{aligned} \tag{7.5.25}$$

Die AKF setzt sich aus vier Termen zusammen. Für die Kreuzkorrelierte zwischen Eingangs- und Ausgangssignal gilt

$$\begin{aligned}
r_{QV}(\kappa-1) &= \mathrm{E}\left\{q^*(k)v(k+\kappa-1)\right\} \\
&= \mathrm{E}\left\{q^*(k)\left(q(k+\kappa-1) + \rho \cdot v(k+\kappa-2)\right)\right\} \quad (7.5.26) \\
&= r_{QQ}(\kappa-1) + \rho r_{QV}(\kappa-2),
\end{aligned}$$

so dass die gesuchte AKF in die Form

$$\begin{aligned}
r_{VV}(\kappa) &= r_{QQ}(\kappa) + \rho\left(r_{QQ}(\kappa-1) + \rho r_{QV}(\kappa-2)\right) \\
&\quad + \rho^*\left(r_{QQ}(\kappa+1) + \rho^* r_{QV}(\kappa+2)\right) + |\rho|^2 r_{VV}(\kappa)
\end{aligned} \tag{7.5.27}$$

übergeht. Durch rekursives Einsetzen und Ausnutzen der Eigenschaft der Reellwertigkeit von ρ und $q(k)$ gelangt man zu

$$r_{VV}(\kappa) = \sum_{n=-\infty}^{\infty} \rho^{|n|} r_{QQ}(\kappa - n) + \rho^2 r_{VV}(\kappa)$$

$$= \frac{1}{1-\rho^2} \sum_{n=-\infty}^{\infty} \rho^{|n|} r_{QQ}(\kappa - n) \qquad (7.5.28)$$

$$= \frac{\sigma_q^2}{1-\rho^2} \sum_{n=-\infty}^{\infty} \rho^{|n|} \delta(\kappa - n) = \frac{\sigma_q^2 \rho^{|\kappa|}}{1-\rho^2} \,.$$

d) Die Wiener-Hopf-Gleichung lautet $\mathbf{p} = \mathbf{R}_{VV}^{-1} \mathbf{r}_{VV}$.

$$\mathbf{p} = \begin{bmatrix} \frac{\sigma_q^2}{1-\rho^2} & \frac{\sigma_q^2 \rho}{1-\rho^2} \\ \frac{\sigma_q^2 \rho}{1-\rho^2} & \frac{\sigma_q^2}{1-\rho^2} \end{bmatrix}^{-1} \cdot \begin{bmatrix} \frac{\sigma_q^2 \rho}{1-\rho^2} \\ \frac{\sigma_q^2 \rho^2}{1-\rho^2} \end{bmatrix} = \begin{bmatrix} 1 & \rho \\ \rho & 1 \end{bmatrix}^{-1} \cdot \begin{bmatrix} \rho \\ \rho^2 \end{bmatrix}$$

$$= \begin{bmatrix} \frac{1}{1-\rho^2} & \frac{-\rho}{1-\rho^2} \\ \frac{-\rho}{1-\rho^2} & \frac{1}{1-\rho^2} \end{bmatrix} \cdot \begin{bmatrix} \rho \\ \rho^2 \end{bmatrix} = \frac{1}{1-\rho^2} \begin{bmatrix} \rho - \rho^3 \\ -\rho^2 + \rho^2 \end{bmatrix} = \begin{bmatrix} \rho \\ 0 \end{bmatrix}$$
(7.5.29)

e) Das Blockschaltbild des Prädiktionsfehlerfilters ist in Abbildung 7.5.6 dargestellt. Aus Aufgabenteil d) ergibt sich $P(z) = \rho$ und daraus $H_e(z) = 1 - \rho z^{-1}$.

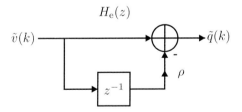

Abbildung 7.5.6: Blockschaltbild zu $H_e(z)$

f) Die Gesamtübertragungsfunktion lautet

$$H_{\text{ges}}(z) = \frac{1}{1-\rho z^{-1}} H_e(z) = 1 \,. \qquad (7.5.30)$$

Das Ausgangssignal des Prädiktionsfehlerfilters lautet

$$u(k) = q(k), \qquad (7.5.31)$$

so dass für die AKF gilt

$$r_{UU}(\kappa) = r_{QQ}(\kappa) = \sigma_q^2 \delta(\kappa). \qquad (7.5.32)$$

Es gelingt also eine perfekte Dekorrelation des AR-Signals.

g) Das Prädiktorfilter bleibt unverändert, da die Ordnung des synthetisierenden Systems übertroffen worden ist. In Gleichung (7.5.33) ist dies anhand eines Prädiktors 3. Ordnung beispielhaft mit Hilfe der Wiener-Hopf-Gleichung $\mathbf{p} = \mathbf{R}_{VV}^{-1} \mathbf{r}_{VV}$ berechnet.

$$\begin{aligned}
\mathbf{p} &= \begin{bmatrix} \frac{\sigma_q^2}{1-\rho^2} & \frac{\sigma_q^2 \rho}{1-\rho^2} & \frac{\sigma_q^2 \rho^2}{1-\rho^2} \\ \frac{\sigma_q^2 \rho}{1-\rho^2} & \frac{\sigma_q^2}{1-\rho^2} & \frac{\sigma_q^2 \rho}{1-\rho^2} \\ \frac{\sigma_q^2 \rho^2}{1-\rho^2} & \frac{\sigma_q^2 \rho}{1-\rho^2} & \frac{\sigma_q^2}{1-\rho^2} \end{bmatrix}^{-1} \begin{bmatrix} \frac{\sigma_q^2 \rho}{1-\rho^2} \\ \frac{\sigma_q^2 \rho^2}{1-\rho^2} \\ \frac{\sigma_q^2 \rho^3}{1-\rho^2} \end{bmatrix} \qquad (7.5.33) \\
&= \begin{bmatrix} 1 & \rho & \rho^2 \\ \rho & 1 & \rho \\ \rho^2 & \rho & 1 \end{bmatrix}^{-1} \begin{bmatrix} \rho \\ \rho^2 \\ \rho^3 \end{bmatrix} = \begin{bmatrix} \frac{1}{1-\rho^2} & \frac{-\rho}{1-\rho^2} & 0 \\ \frac{-\rho}{1-\rho^2} & \frac{1+\rho^2}{1-\rho^2} & \frac{-\rho}{1-\rho^2} \\ 0 & \frac{-\rho}{1-\rho^2} & \frac{1}{1-\rho^2} \end{bmatrix} \cdot \begin{bmatrix} \rho \\ \rho^2 \\ \rho^3 \end{bmatrix} \\
&= \frac{1}{1-\rho^2} \begin{bmatrix} \rho - \rho^3 \\ -\rho^2 + \rho^2(1+\rho^2) - \rho^4 \\ -\rho^3 + \rho^3 \end{bmatrix} = \begin{bmatrix} \rho \\ 0 \\ 0 \end{bmatrix}
\end{aligned}$$

Kapitel 8

Grundlagen der digitalen Datenübertragung

8.1 Leistungsdichtespektrum eines Datensignals

Betrachtet wird ein Sendesignal der Form

$$x(t) = T \sum_{i=-\infty}^{\infty} d(i) g_S(t - iT). \qquad (8.1.1)$$

mit dem Sendefilter $g_S(t)$. Es werden BPSK-Daten $d(i) \in \{-1, 1\}$ gesendet, wobei das Datum $d(i) = -1$ mit einer Wahrscheinlichkeit von $P\{d(i) = -1\} = 0.3$ auftritt.

Berechnen Sie das mittlere Leistungsdichtespektrum $S_{xx}(j\omega)$ des Signals $x(t)$ für

a)
$$g_S^{(A)}(t) = \begin{cases} 1/T, & -T/2 \leq t < T/2 \\ 0, & \text{sonst,} \end{cases}$$

b)
$$g_S^{(B)}(t) = \begin{cases} 2/T, & -T/4 \leq t < T/4 \\ 0, & \text{sonst.} \end{cases}$$

c) Skizzieren Sie die Leistungsdichtespektren über ωT. Betrachten Sie die Nullstellen der Leistungsdichtespektren. Welchen wesentlichen

Unterschied zwischen den beiden Leistungsdichtespektren erkennen Sie hinsichtlich dieser Nullstellen?

Hinweise:

- Bestimmen Sie zunächst die Autokorrelationsfunktion der unkorrelierten Daten $d(i)$ in der Form $r_{DD}(\lambda) = \sigma_D^2 \delta(\lambda) + m_D^2$ mit der Leistung der Daten σ_D^2 und dem Mittelwert der Daten m_D.
- Nutzen Sie die Beziehung

$$\sum_{\lambda=-\infty}^{\infty} e^{j\omega T \lambda} = \frac{2\pi}{T} \sum_{\mu=-\infty}^{\infty} \delta(\omega T + 2\pi\mu) \qquad (8.1.2)$$

und die Korrespondenz

$$g_S(t) = \begin{cases} 1/T, & -T \leq t < T \\ 0, & \text{sonst,} \end{cases} \circ\!\!-\!\!\bullet\; G_S(j\omega) = \frac{2}{\omega T}\sin(\omega T) = 2\text{si}(\omega T)$$

$$(8.1.3)$$

8.2 Erste und zweite Nyquist-Bedingung

Eine Datenquelle liefert die unkorrelierte Folge $d(i) \in \{-1, 1\}$. Im Sender erfolgt eine rechteckförmige Impulsformung durch

$$g_S(t) = \begin{cases} 1/T, & \text{für } -T/2 \leq t < T/2 \\ 0, & \text{sonst} \end{cases}. \qquad (8.2.1)$$

Auf dem Übertragungsweg wird additives weißes Rauschen überlagert. Abbildung 8.2.1 zeigt diese Übertragungsstrecke.

a) Geben Sie die Matched-Filter-Impulsantwort für den Empfänger an. Skizzieren Sie die auf eins normierte Gesamtimpulsantwort $y(t)$ des Übertragungssystems.

Für die weiteren Aufgabenteile soll die Normierung der Gesamtimpulsantwort auf eins beibehalten werden. Ferner ist die Rauschquelle abgeschaltet.

8.3 Maximierung des S/N-Verhältnisses durch das Matched Filter 69

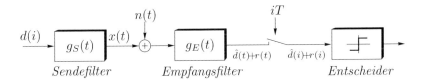

Abbildung 8.2.1: Übertragungsstrecke mit überlagertem weißen Rauschen

b) Konstruieren Sie das Augendiagramm am Matched-Filter-Ausgang. Prüfen Sie, ob die erste und die zweite Nyquist-Bedingung erfüllt sind und begründen Sie dieses anhand der Gesamtimpulsantwort.

c) Am Matched-Filter-Ausgang erfolgt eine Abtastung zu den Zeitpunkten
$$t_i = iT + \Delta t\,; \quad |\Delta t| \leq T/2\,. \qquad (8.2.2)$$
Bei nichtidealer Abtastung $\Delta t \neq 0$ ergibt sich Intersymbol-Interferenz. Berechnen Sie das zugehörige Signal-zu-Interferenz-Verhältnis (S/I) als Funktion von Δt. Wie groß ist das (S/I) für $\Delta t = T/2$?

8.3 Maximierung des S/N-Verhältnisses durch das Matched Filter

Es wird die Datenübertragungsstrecke in Abbildung 8.2.1 betrachtet. Der Symboltakt ist mit T bezeichnet. Das gleichverteilte Datensignal $d(i)$ sei zweistufig mit den Werten $d(i)\in\{-2,2\}$. Die Rauschstörung sei statistisch unabhängig, gaußverteilt und habe die spektrale Leistungsdichte $N_0/2 = 4T$. Der Impulsformer $g_S(t)$ sei durch

$$g_S(t) = \frac{1}{T}\mathrm{tri}\left(\frac{2t}{T}\right) \qquad (8.3.1)$$

gegeben.

a) Das Empfangsfilter $g_E(t)$ soll im Sinne einer Matched-Filterung gewählt werden. Geben Sie einen Ausdruck für $g_E(t)$ an.

b) Bestimmen Sie das S/N-Verhältnis am Entscheidereingang.

c) Ist das Signal am Entscheidereingang frei von Intersymbol-Interferenz (ISI)?

d) Anstelle des Matched-Filters wird nun ein Empfangsfilter

$$g_E(t) = \frac{1}{T}\text{rect}\left(\frac{t}{T}\right)$$

betrachtet. Bestimmen Sie den S/N-Verlust am Entscheidereingang gegenüber der Verwendung des Matched-Filters.

8.4 Partial-Response-Code durch Matched Filterung

Ein Datensender benutzt zur binären Datenübertragung (Bitrate $1/T$) den in Abbildung 8.4.1 dargestellten Grundimpuls $g_S(t)$.

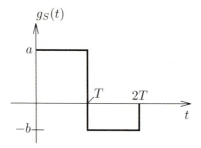

Abbildung 8.4.1: Grundimpuls zur Datenübertragung

a) Zeichnen Sie die Impulsantwort $g_E(t)$ des zugehörigen Matched-Filters für den Empfänger in nichtkausaler Darstellung.

b) Bestimmen Sie die Gesamtimpulsantwort $g(t) = g_S(t) * g_E(t)$ durch „graphische Faltung" und skizzieren Sie sie für zunächst willkürliche Werte a und b.

c) Wählen Sie die Konstanten a und b $(a, b \geq 0)$ so, dass sich am Empfänger nach der Symbolabtastung ein Partial-Response-Code der Form $\alpha_\nu = \{-1, 2, -1\}$ ergibt.

8.5 Leistungsdichtespektrum einer AMI-Codierung

Eine Quelle gibt eine Folge von unkorrelierten binären Daten $d(i) \in \{-1, 1\}$ mit einer Rate von $1/T$ ab. Zur Impulsformung werden Rechteckimpulse der Breite $T/2$ verwendet.

a) Berechnen und skizzieren Sie das mittlere Leistungsdichtespektrum (LDS) am Senderausgang.

b) Die Sendedaten werden einer AMI-Codierung unterzogen. Wie lautet in dem Falle das LDS? Geben Sie auch eine qualitative Skizze an.

8.6 Lösungen

8.6.1 Leistungsdichtespektrum eines Datensignals

a) Die Definition der mittleren AKF des Sendesignals nach Gleichung (8.1.11) in [Kam08, S.233] lautet

$$\bar{r}_{xx}(\tau) = T \sum_{\lambda=-\infty}^{\infty} r_{DD}(\lambda) r_{g_S g_S}^E (\tau + \lambda T). \tag{8.6.1}$$

Die Fourier-Transformation erzeugt daraus das Leistungsdichtespektrum (LDS)

$$S_{XX}(j\omega) = T \cdot |G_S(j\omega)|^2 \sum_{\lambda=-\infty}^{\infty} r_{DD}(\lambda) e^{j\omega\lambda T}. \tag{8.6.2}$$

Die benötigte AKF der Daten ist gegeben durch $r_{DD}(\lambda) = \sigma_D^2 \delta(\lambda) + m_D^2$ mit Mittelwert $m_D = \mathrm{E}\{D(i)\} = 0.4$ und Leistung $\sigma_D^2 = \mathrm{E}\left\{[D(i) - m_D]^2\right\} = 0.84$. Damit lässt sich zunächst für das LDS schreiben

$$\begin{aligned}
S_{XX}(j\omega) &= T \cdot |G_S(j\omega)|^2 \sum_{\lambda=-\infty}^{\infty} \left(\sigma_D^2 \delta(\lambda) + m_D^2\right) e^{j\omega\lambda T} && \text{(8.6.3a)} \\
&= T \cdot |G_S(j\omega)|^2 \left(\sigma_D^2 + m_D^2 \sum_{\lambda=-\infty}^{\infty} e^{j\omega\lambda T}\right) && \text{(8.6.3b)} \\
&= T \cdot \sigma_D^2 |G_S(j\omega)|^2 + 2\pi m_D^2 |G_S(j\omega)|^2 \sum_{\lambda=-\infty}^{\infty} \delta(\omega + 2\pi\lambda/T). && \text{(8.6.3c)}
\end{aligned}$$

Für das erste Sendefilter ergibt sich damit

$$G_S^{(A)}(j\omega) = \int_{-\infty}^{\infty} g_S^{(A)}(t) e^{-j\omega t}\, dt = \int_{-T/2}^{T/2} \frac{1}{T} \cdot e^{-j\omega t}\, dt \tag{8.6.4a}$$

$$= \frac{1}{T} \cdot \frac{1}{-j\omega} \left(e^{-j\omega T/2} - e^{j\omega T/2}\right) \tag{8.6.4b}$$

$$= \frac{2}{\omega T} \sin\left(\frac{\omega T}{2}\right) = \mathrm{si}\left(\frac{\omega T}{2}\right) \tag{8.6.4c}$$

8.6 Lösungen

Gleichung (8.6.4c) in (8.6.3c) eingesetzt ergibt

$$S_{XX}^{(A)}(j\omega) = T \cdot \sigma_D^2 \left| \text{si}(\frac{\omega T}{2}) \right|^2 + 2\pi m_D^2 \delta(\omega). \qquad (8.6.5)$$

b) Für das zweite Sendefilter ergibt sich nach Teilaufgabe a)

$$G_S^{(B)}(j\omega) = \int_{-\infty}^{\infty} g_S^{(B)}(t) e^{-j\omega t} \, dt = \int_{-T/4}^{T/4} \frac{2}{T} \cdot e^{-j\omega t} \, dt \qquad (8.6.6a)$$

$$= \frac{2}{T} \cdot \frac{1}{-j\omega} e^{-j\omega t} \Big|_{t=-T/4}^{T/4} \qquad (8.6.6b)$$

$$= \frac{4}{\omega T} \sin\left(\frac{\omega T}{4}\right) = \text{si}\left(\frac{\omega T}{4}\right). \qquad (8.6.6c)$$

Mit Gleichung (8.6.3c) folgt dann

$$S_{XX}^{(B)}(j\omega) = \qquad (8.6.7)$$

$$T \cdot \sigma_D^2 \left|\text{si}(\frac{\omega T}{4})\right|^2 + 2\pi m_D^2 \left|\text{si}(\frac{\omega T}{4})\right|^2 \sum_{\lambda=-\infty}^{\infty} \delta(\omega + 2\pi\lambda/T).$$

c) Die beiden resultierenden Leistungsdichtespektren mit den Sendefiltern aus Aufgabenteil a) und b) sind in Abbildung 8.6.1 skizziert. Durch das kürzere Filter und die mittelwertbehafteten Daten entstehen zusätzlich zum si-Impuls über das gesamte Spektrum verteilte Impulse.

8.6.2 Erste und zweite Nyquist-Bedingung

a) Da das Sendefilter $g_S(t)$ eine reelle, nichtkausale und gerade Funktion ist, gilt für die Matched-Filter-Bedingung am Empfänger

$$g_E(t) = K \cdot g_S^*(T_0 - t) = K \cdot g_S(t). \qquad (8.6.8)$$

Zur Berechnung des Gesamtimpulses (wähle $K=1$, da Normierung gewünscht) muss dann die Faltung des Sendefilters mit dem Empfangsfilter nach Gleichung (8.3.1) in [Kam08, S. 253] durchgeführt

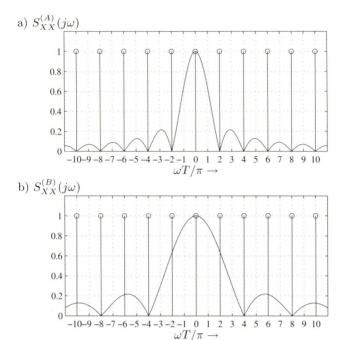

Abbildung 8.6.1: Leistungsdichtespektren $S_{XX}(j\omega)$ mit den Sendefiltern $g_S^{(A)}(t)$ und $g_S^{(B)}(t)$

werden

$$g(t) = g_S(t) * g_E(t) = \int\limits_{t-T/2}^{T/2} \frac{1}{T^2}\,d\tau = \frac{T-t}{T^2} \quad \text{für} \quad 0 \le t \le T$$
(8.6.9)

Der Gesamtimpuls $g(t)$ und der normierte Impuls $y(t)$ lassen sich damit formulieren zu

$$g(t) = \begin{cases} \frac{T-|t|}{T^2} & \text{für } |t| \le T \\ 0 & \text{sonst} \end{cases}$$
(8.6.10)

$$y(t) := T \cdot g(t) = \begin{cases} 1 - |t|/T & \text{für } |t| \le T \\ 0 & \text{sonst} \end{cases}.$$
(8.6.11)

Es ergibt sich anhand von Gleichung (8.6.11) der in Abbildung 8.6.2 gezeigte Impuls.

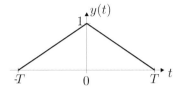

Abbildung 8.6.2: Normierte Gesamtimpulsantwort $y(t)$

b) Das abzutastende Signal $\hat{d}(t) = \sum_\nu d(\nu)\, y(t-\nu T)$ am Ausgang des Matched-Filters bei einer Sendefolge von $d(i) = \{1, 1, -1, -1, 1\}$ ist in Abbildung 8.6.3 zu sehen. Anhand dieses Signals lassen sich folgende mögliche Werte in der Augenmitte, also zum Abtastzeitpunkt t, ablesen

$$t = iT,\ i \in \mathbb{N}:\ \pm 1\,. \qquad (8.6.12)$$

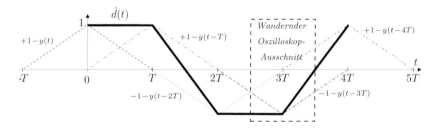

Abbildung 8.6.3: Abzutastendes Signal am Ausgang des Matched-Filters

Zu den Zeitpunkten $t = iT + T/2$ nimmt das Signal die Werte $\pm 0.5 \pm 0.5 = [\pm 1\quad 0]$ an. Das resultierende Augendiagramm ist in Abbildung 8.6.4 dargestellt.

Bezüglich der Nyquistbedingungen lassen sich damit folgende Aussagen treffen:

- Die 1. Nyquistbedingung ist erfüllt, da eine ISI-freie Abtastung möglich ist. Die Systemimpulsantwort hält per Definition die Bedingung (8.1.23) in [Kam08, S. 234] ein.

76   8 Grundlagen der digitalen Datenübertragung

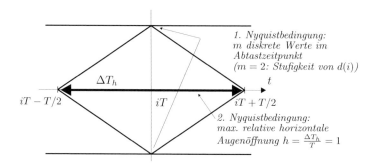

Abbildung 8.6.4: Augendiagramm

- Die 2. Nyquistbedingung ist optimal erfüllt, da die maximal mögliche horizontale Augenöffnung $h = 1$ erreicht wird. Demnach ist eine unkritische Abtastung möglich.

c) Bei einer Fehlabtastung hat die abgetastete Folge die Form (vgl. Abbildung 8.6.5)

$$\hat{d}(i) = \hat{d}(t)\Big|_{t=iT+\Delta t} = \hat{d}(iT + \Delta t) \quad \text{mit } |\Delta t| \leq T/2. \quad (8.6.13)$$

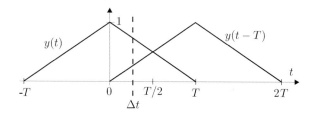

Abbildung 8.6.5: Fehlabtastung

Das Signal-zu-Interferenz-Verhältnis S/I kann berechnet werden durch

$$\frac{S}{I} = \frac{\sigma_d^2 \cdot y^2(t)}{\sigma_d^2 \cdot y^2(t-T)}\Big|_{t=\Delta t} = \frac{(1-\frac{\Delta t}{T})^2}{(\frac{\Delta t}{T})^2} \quad (8.6.14a)$$

$$= \frac{1 - 2\frac{\Delta t}{T} + (\frac{\Delta t}{T})^2}{(\frac{\Delta t}{T})^2} = 1 - 2\frac{T}{\Delta t} + \left(\frac{T}{\Delta t}\right)^2. \quad (8.6.14b)$$

Mit Gleichung (8.6.14a) lassen sich beispielhaft folgende Werte ermitteln:

$$\Delta t = 0 \quad \Rightarrow \quad S/I = \infty$$
$$= T/2 \quad \Rightarrow \quad S/I = 1 \quad \hat{=} \quad 0\,\mathrm{dB}$$

8.6.3 Maximierung des S/N-Verhältnisses durch das Matched Filter

a) Das Matched Filter in nichtkausaler Darstellung ($T_0 = 0$) für den reellen und geraden Sendeimpuls $g_S(t)$ lautet

$$g_E(t) = g_S^*(-t) = g_S(t) = \frac{1}{T}\mathrm{tri}\left(\frac{2t}{T}\right) \ ; \quad (8.6.15)$$

es ist in Abbildung 8.6.6 zu sehen.

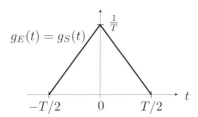

Abbildung 8.6.6: Matched-Filter $g_E(t)$

b) Da in der gegebenen Systemstruktur alle[1] Voraussetzungen nach Abschnitt 8.3 in [Kam08] erfüllt sind

– Daten: mittelwertfrei
– Kanal: verzerrungsfrei
– Rauschen: additiv und weiß,

erreicht man mit dem Matched Filter aus Teilaufgabe a) das maximale S/N-Verhältnis am Entscheidereingang.

---
[1] Die ISI-Freiheit muß noch überprüft werden (s. Aufgabenteil c)).

78   8 Grundlagen der digitalen Datenübertragung

Es beträgt nach Gleichung (8.3.11) in [Kam08, S. 255]

$$\left.\frac{S}{N}\right|_{matched} = \frac{E_s}{N_0/2} = \frac{E_b}{N_0/2}. \qquad (8.6.16)$$

Die Berechnung der Bitenergie E_b ergibt mit $\sigma_D^2 = \mathrm{E}\left\{|D(i)|^2\right\} = 4$

$$E_b = \sigma_D^2 \cdot T^2 \cdot \int_{-\infty}^{\infty} g_S^2(t)\,dt = 4 \cdot T^2 \cdot 2 \int_0^{T/2} \left(\frac{2t}{T^2}\right)^2 dt \qquad (8.6.17\mathrm{a})$$

$$= \frac{32}{T^2} \cdot \left[\frac{1}{3}t^3\right]\bigg|_0^{T/2} = \frac{32}{T^2} \cdot \frac{1}{3}\frac{T^3}{8} = \frac{4}{3}T \qquad (8.6.17\mathrm{b})$$

Mit $N_0/2 = 4T$ folgt

$$\left.\frac{S}{N}\right|_{matched} = \frac{E_b}{N_0/2} = \frac{4T/3}{4T} = \frac{1}{3}. \qquad (8.6.18)$$

c) Damit das Signal am Entscheidereingang ISI-frei ist, muss das Gesamtsystem $g(t) := g_S(t) * g_E(t)$ die erste Nyquistbedingung erfüllen. Dies ist hier immer der Fall, da die Gesamtimpulsantwort $g(t)$ auf das Zeitintervall $(-T, T)$ beschränkt bleibt.

d) Nach Gleichung (8.3.9) in [Kam08, S. 254] gilt für das S/N-Verhältnis allgemein, also auch im nicht rauschangepassten Fall, in nichtkausaler Darstellung mit $T = 0$

$$\left.\frac{S}{N}\right|_{no\ match} = \frac{E_b}{N_0/2} \cdot \frac{\left[\int_{-\infty}^{\infty} g_E(\tau)\,g_S(-\tau)\,d\tau\right]^2}{\left[\int_{-\infty}^{\infty} g_S^2(\tau)\,d\tau\right] \cdot \left[\int_{-\infty}^{\infty} g_E^2(\tau)\,d\tau\right]}$$

$$= \frac{E_b}{N_0/2} \cdot \frac{\left[\int_{-T/2}^{T/2} \frac{1}{T} \cdot \left(\frac{2\tau}{T^2}\right) d\tau\right]^2}{\left[\int_{-T/2}^{T/2} \left(\frac{2\tau}{T^2}\right)^2 d\tau\right] \cdot \left[\int_{-T/2}^{T/2} \frac{1}{T^2}\,d\tau\right]}$$

$$= \frac{E_b}{N_0/2} \cdot \frac{\left[\frac{1}{2 \cdot T}\right]^2}{(1/3T) \cdot (1/T)} = \frac{3}{4} \cdot \frac{E_b}{N_0/2}. \qquad (8.6.19\mathrm{a})$$

Der S/N-Verlust ergibt sich also mit dem Ergebnis aus Teilaufgabe b) zu

$$\frac{(S/N)|_{no\ match}}{(S/N)|_{matched}} = \frac{3}{4} \mathrel{\hat=} 1.25\,\mathrm{dB} \qquad (8.6.20)$$

8.6.4 Partial-Response-Code durch Matched Filterung

a) Das empfangsseitige Matched-Filter in nichtkausaler Darstellung ergibt sich wie in Abbildung 8.6.7.

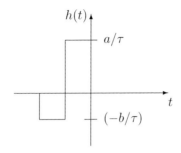

Abbildung 8.6.7: Matched-Filter in nichtkausaler Darstellung

Laut Definition haben Impulsantworten die Dimension 1/Zeit, daher erscheint hier der Faktor $1/\tau$.

b) Die graphische Faltung $g_S(t) * g_E(t) = \int_{-\infty}^{\infty} g_S(\vartheta) \cdot g_E(t - \vartheta)\, d\vartheta$ ist in Abbildung 8.6.8 veranschaulicht.

c) Um den gewünschten Partial-Response-Code zu erhalten, wählt man $\tau = T$, da bei den Zeitpunkten $\pm T$ der benötigte Wert von -1 vorliegen muss, sowie $+2$ beim Zeitpunkt $T = 0$. Dann berechnen sich die Koeffizienten a und b zu

$$-a \cdot b = -1 \quad \Rightarrow \quad b = 1/a$$
$$a^2 + b^2 = 2 \quad \Rightarrow \quad a^2 + 1/a^2 = 2 \Rightarrow a = 1; \quad b = 1 \quad (8.6.21)$$

Ohne die Normierung bezüglich τ ergibt sich entsprechend

$$a \cdot b \cdot T = 1 \quad \Rightarrow \quad b = \frac{1}{a \cdot T}$$
$$(a^2 + b^2) \cdot T = 1 \quad \Rightarrow \quad a^2 + \frac{1}{a^2 \cdot T^2} = \frac{1}{T}$$
$$\Rightarrow \quad a = \frac{1}{\sqrt{T}}; \quad b = \frac{1}{\sqrt{T}} \quad (8.6.22)$$

80   8 Grundlagen der digitalen Datenübertragung

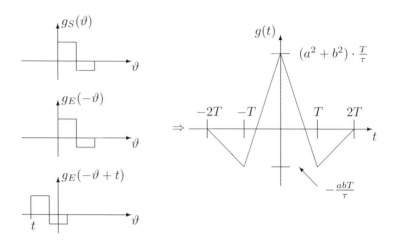

Abbildung 8.6.8: Graphische Faltung von $g_S(t)$ und $g_E(t)$

8.6.5 Leistungsdichtespektrum einer AMI-Codierung

a) Für die Leistung der Daten gilt $\sigma_D^2 = \mathrm{E}\left\{|D(i)|^2\right\} = 1$. Der Sendeimpuls ist ein Rechteckimpuls nach Abbildung 8.6.9, wobei

$$g_S(t) = \frac{1}{T} \cdot \mathrm{rect}\left(\frac{2 \cdot t}{T}\right). \tag{8.6.23}$$

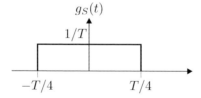

Abbildung 8.6.9: Rechteckförmiger Sendeimpuls

Zur Berechnung des LDS muss die Fourier-Transformierte des Sendesignals berechnet werden. Dazu wird die Korrespondenz

$$\operatorname{rect}\left(\frac{2 \cdot t}{T}\right) \circ\!\!-\!\!\bullet \frac{1}{2} \cdot \operatorname{si}(\omega T/4) \qquad (8.6.24)$$

benötigt. Damit folgt das LDS

$$S_{xx}(f) = \sigma_D^2 \cdot \frac{T}{4} \cdot \operatorname{si}^2(\omega T/4). \qquad (8.6.25)$$

In Abbildung 8.6.10 ist das resultierende LDS des Sendesignals nach Gleichung (8.6.25) skizziert.

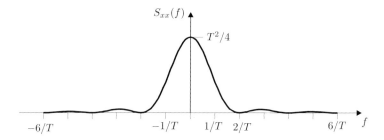

Abbildung 8.6.10: Leistungsdichtespektrum des Sendesignals

b) Der AMI-Code hat nach Gleichung (8.2.24) in [Kam08] die Koeffizienten $\alpha_\nu = \{1, -1\}$. Es ergibt sich über die z-Transformation

$$\begin{aligned} H_{\text{AMI}}(z) &= 1 - z^{-1} \quad \text{mit} \quad z = e^{j\Omega} \\ H_{\text{AMI}}(e^{j\Omega}) &= 1 - e^{-j\Omega} = e^{-j\Omega/2} \cdot \left[e^{j\Omega/2} - e^{-j\Omega/2}\right] \\ &= 2 \cdot j \cdot e^{-j\Omega/2} \cdot \sin(\Omega/2), \qquad (8.6.26) \end{aligned}$$

mit $\Omega = 2\pi f T$. Für das LDS des AMI Codes folgt daraus

$$\begin{aligned} S_{xx,\text{AMI}}(f) &= S_{xx}(f) \cdot |H_{\text{AMI}}(f)|^2 \qquad &(8.6.27\text{a}) \\ &= \frac{T^2}{4} \cdot \operatorname{si}^2(\omega T/4) \cdot 4\sin^2(\omega T/2) \qquad &(8.6.27\text{b}) \\ &= T^2 \cdot \operatorname{si}^2(\omega T/4) \cdot \sin^2(\omega T/2). \qquad &(8.6.27\text{c}) \end{aligned}$$

Abbildung 8.6.11 zeigt das Leistungsdichtespektrum des AMI Codes. Es lässt sich erkennen, dass der AMI-Code eine Unterdrückung des Gleichanteils bewirkt.

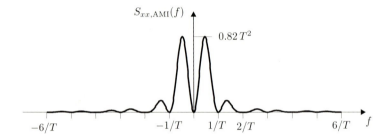

Abbildung 8.6.11: Resultierendes Leistungsdichtespektrum des AMI Code-Signals

Kapitel 9

Digitale Modulation

9.1 Komplexe Einhüllende von Modulationsformen

Die Signalräume sowie die entsprechenden komplexen Einhüllenden $s(t)$ verschiedener Modulationsarten sind in Abbildung 9.1.1 bzw. 9.1.2 dargestellt.

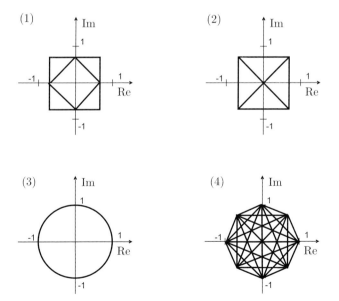

Abbildung 9.1.1: Signalräume der komplexen Einhüllenden $s(t)$

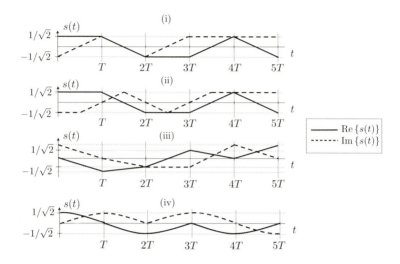

Abbildung 9.1.2: Real- und Imaginärteil der Komplexen Einhüllenden $s(t)$

a) Ordnen Sie jedem der in Abbildung 9.1.1 dargestellten Signalräume die entsprechende komplexe Einhüllende aus Abbildung 9.1.2 zu.

b) Benennen Sie die vier dargestellten Modulationsarten.

c) Bestimmen Sie die jeweiligen Bitraten für eine Symboldauer von $T = 2\mu s$.

d) Bestimmen Sie für die in Abbildung 9.1.2 (iv) dargestellte komplexe Einhüllende die gesendete Bitfolge unter der Annahme, dass die Daten sendeseitig vorcodiert wurden.

9.2 Differentielle PSK-Modulation

Gegeben ist ein DPSK-Modulator. Die Zuordnungen zwischen den möglichen Dibit und den Phasendifferenzen sind in Tabelle 9.2.1 wiedergegeben.

a) Handelt es sich hier um eine Gray-Codierung?

$\Delta\varphi_\mu$	$\pi/4$	$3\pi/4$	$-3\pi/4$	$-\pi/4$
Dibit	00	01	11	10

Tabelle 9.2.1: Dibitzuordnungen

b) Am Eingang liegt folgende Bitfolge vor: 00 11 01 10 01
Geben Sie die Folge der absoluten Phasenwerte $\varphi(i)$ des gesendeten Signals an. Der Anfangswert der Phase sei $\varphi(-1) = 0$.

c) Zum Zeitpunkt $i = 2$ ergibt sich ein Entscheidungsfehler:

$$\hat{\varphi}(2) = \varphi(2) + \pi/2\,. \tag{9.2.1}$$

Geben Sie die Bitfolge nach der differentiellen Decodierung an.

9.3 DQPSK-Modulation

Zur Mobilfunkübertragung wird ein differentielles QPSK-Verfahren verwendet, wobei den Dibit-Gruppen die Differenzphasen nach Tabelle 9.3.1 zugeordnet werden:

$\Delta\varphi_\mu$	$\pi/4$	$3\pi/4$	$-3\pi/4$	$-\pi/4$
Dibit	00	01	11	10

Tabelle 9.3.1: Dibitzuordnungen

Zum Zeitpunkt $i = 0$ weise die absolute Phase des Modulator-Ausgangssignals den Wert $\varphi = 0$ auf.

a) Geben Sie die möglichen Phasenwerte für gerade Indizes $2i$ und ungerade Indizes $2i + 1$ an.

b) Erläutern Sie in Stichworten und anhand von Skizzen, weshalb dieses Verfahren geringere Variationen der Betragseinhüllenden aufweist als das konventionelle QPSK-Verfahren. Weshalb ist eine konstante Einhüllende für Mobilfunksysteme wichtig?

c) Nennen Sie weitere Modulationsverfahren, die wegen ihrer geringen Einhüllendenschwankungen zur Mobilfunkübertragung angewendet werden.

9.4 FSK-Modulation

An einem FSK-Modulator der Bitrate $1/T$ nach Abbildung 9.4.1 wird ein Ausschnitt der komplexen Einhüllenden gemessen.

Abbildung 9.4.1: FSK-Modulator

Dabei ergibt sich für den Real- und den Imaginärteil des Sendesignals ein Verlauf nach Abbildung 9.4.2.

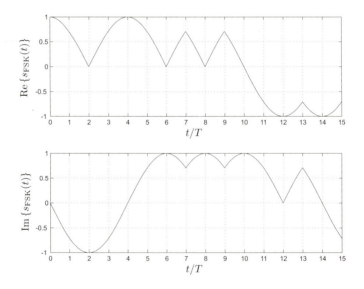

Abbildung 9.4.2: Real- und Imaginärteil der komplexen Einhüllenden

a) Skizzieren Sie den Phasenverlauf von $s_{\text{FSK}}(t)$ für $0 \leq t \leq 15\,T$.

b) Zeichnen Sie die Ortskurve der komplexen Einhüllenden des Sendesignals $s_{\text{FSK}}(t)$ und markieren Sie alle Werte für $s_{\text{FSK}}(iT)$, $i \in \mathbb{N}$.

c) Ermitteln Sie die zugehörige binäre Datenfolge $d(i) \in \{-1, 1\}$.

d) Geben Sie den zugehörigen Modulationsindex η an.

9.5 Minimum Shift Keying

In Abbildung 9.5.1 sind der Realteil und der Imaginärteil der komplexen Einhüllenden eines MSK-Sendesignals $s_{\text{MSK}}(t)$ dargestellt. Es wurden Daten $d(i) \in \{1, -1\}$ gesendet.

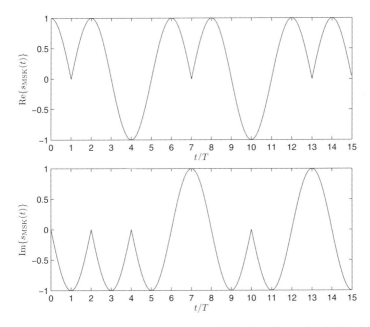

Abbildung 9.5.1: Real- und Imaginärteil der komplexen Einhüllenden

a) Skizzieren Sie den Verlauf der Momentanphase $\varphi(t)$.

b) Bestimmen Sie die gesendete Datenfolge.

c) Geben Sie die Gewichte $a(i)$ bezüglich der Offset-QPSK-Interpretation an, wobei $a(0) = 1$ gilt.

d) Bestimmen Sie die Position der ersten Nullstelle im Spektrum des MSK-Signals.

9.6 Lösungen

9.6.1 Komplexe Einhüllende von Modulationsformen

a) Für die Zuordnung der Signalräume zu den entsprechenden komplexen Einhüllenden ergeben sich folgende Zusammenhänge:

(1) → (ii)

(2) → (i)

(3) → (iv)

(4) → (iii)

b) Die hier dargestellten Modulationsformen sind

(1) → (ii) Offset-Quaternary Shift Keying (Offset-QPSK)

(2) → (i) Quaternary Shift Keying (QPSK)

(3) → (iv) Minimum Shift Keying (MSK)

(4) → (iii) 8-Phase Shift Keying (8-PSK)

c) Bei einer Symbolrate von $1/T = 500$ kbit/s ergeben sich folgende Bitraten

(1) Offset-QPSK $\Rightarrow$ 2 bit/Symboldauer $\Rightarrow$ 1 Mbit/s

(2) QPSK $\Rightarrow$ 2 bit/Symboldauer $\Rightarrow$ 1 Mbit/s

(3) MSK[1] $\Rightarrow$ 1 bit/Symboldauer $\Rightarrow$ 0.5 Mbit/s

---

[1] MSK kann als Offset-QPSK mit Kosinusimpulsformung und *doppelter* Symboldauer interpretiert werden (vgl. [Kam08, S.289]). Entsprechend erscheint bei konstanter Symboldauer die Bitrate von MSK halbiert gegenüber Offset-QPSK.

(4) 8-PSK $\Rightarrow$ 3 bit/Symboldauer $\Rightarrow$ 1.5 Mbit/s

d) Abbildung 9.1.2(iv) zeigt die komplexe Einhüllende eines MSK-Signals. Unter der Annahme einer differentiellen Vorcodierung und der Erfüllung der ersten Nyquistbedingung des MSK-Impulses beschreiben die bei den Zeitpunkten iT abgetasteten Werte die MSK-Gewichte $s_{\text{MSK}}(iT) = a(i)$. Diese Gewichte sind aufgrund der Offset-QPSK-Interpretation der MSK-Signale alternierend reell und imaginär. Als Lösung ergibt sich dann

$$a(i) = \{1, j, -1, j, -1, -j\}. \tag{9.6.1}$$

Um zur gesendeten Bitfolge zu gelangen müssen die Gewichte aus Gleichung (9.6.1) derotiert werden. Dazu verwendet man die Decodiervorschrift aus Gleichung (10.1.6) in [Kam08, S. 313]. Damit lautet die Bitfolge

$$\hat{b}(i-1) = a(i) \cdot j^{-i} = \{1, 1, -1, -1, -1\}. \tag{9.6.2}$$

9.6.2 Differentielle PSK-Modulation

a) Es handelt sich um eine Gray-Codierung, da das in der Aufgabenstellung gegebene Mapping zu Symbolen $d_\Delta = \exp(j\Delta\phi_\mu)$ führt, die sich von den nächstgelegenen Symbolen nur um ein Bit unterscheiden. Der entsprechende Signalraum ist in Abbildung 9.6.1 gegeben.

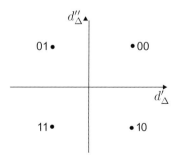

Abbildung 9.6.1: Signalraum der differentiellen PSK-Modulation

b) Die Berechnung der absoluten Phasenwerte lässt sich mit Hilfe von Gleichung (9.1.14a) in [Kam08, S. 280] durchführen.

$$\Delta\varphi_\mu(i) = \varphi(i) - \varphi(i-1) \Rightarrow \varphi(i) = \Delta\varphi_\mu(i) + \varphi(i-1) \quad (9.6.3)$$

Während der Zeitpunkte $i = -1, \ldots, 4$ ergibt sich mit $\varphi(-1) = 0$ dann folgende Sequenz absoluter Phasenwerte

i	-1	0	1	2	3	4
$d(i) =$		00	11	01	10	01
$\Delta\varphi(i) =$		$\frac{\pi}{4}$	$-\frac{3}{4}\pi$	$\frac{3}{4}\pi$	$-\frac{\pi}{4}$	$\frac{3}{4}\pi$
$\varphi(i) =$	0	$\frac{\pi}{4}$	$-\frac{\pi}{2}$	$\frac{\pi}{4}$	0	$\frac{3}{4}\pi$.

(9.6.4)

c) Die Bitfolge aus Aufgabenteil b) enthält nun einen Entscheidungsfehler an der Stelle $i = 2$. Da bei DPSK-Signalen die Information in der Differenzphase zwischen aufeinanderfolgenden Symbolen steckt, muss daher mit Gleichung (9.6.3) $\Delta\hat{\varphi}(i)$ bestimmt werden.

i	0	1	2	3	4
$\hat{\varphi}(i) =$	$\frac{\pi}{4}$	$-\frac{\pi}{2}$	$\frac{\pi}{4}+\frac{\pi}{2}$ ⏟ $\frac{3}{4}\pi$	0	$\frac{3}{4}\pi$
$\Delta\hat{\varphi}(i) =$	$\frac{\pi}{4}$	$\left(-\frac{\pi}{2}-\frac{\pi}{4}\right)$ ⏟ $-\frac{3}{4}\pi$	$\left(\frac{3}{4}\pi+\frac{\pi}{2}\right)$ ⏟ $\frac{5}{4}\pi$	$\left(0-\frac{3}{4}\pi\right)$	$\left(\frac{3}{4}\pi - 0\right)$
Dibit (falsch)	00	11	11 ↕	11 ↕	01
Dibit (wahr)	00	11	01	10	01

(9.6.5)

Anhand von (9.6.5) kann man erkennen, dass die Fehlentscheidung zum Zeitpunkt $i = 2$ zwei Bitfehler nach der differentiellen Decodierung zur Folge hat.

9.6.3 DQPSK-Modulation

a) Die zur Lösung benötigten möglichen Phasenwerte findet man u.a. in Abbildung 9.1.9 in [Kam08, S. 282]:

$$2i + 1 \quad \Rightarrow \quad \varphi(2i + 1) \in \left\{\frac{\pi}{4}, \frac{3\pi}{4}, -\frac{3\pi}{4}, -\frac{\pi}{4}\right\}$$

$$2i \quad \Rightarrow \quad \varphi(2i) \in \left\{0, \frac{\pi}{2}, \pi, -\frac{\pi}{2}\right\}$$

b) Durch die Verwendung einer $\pi/4$-DQPSK werden Nulldurchgänge vermieden, da abwechselnd die unter Aufgabenteil a) abgebildeten Signalräume verwendet werden. Dies ist in Abbildung 9.6.2 verdeutlicht.

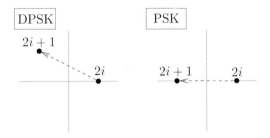

Abbildung 9.6.2: Vermeidung von Nulldurchgängen bei $\pi/4$-DQPSK

Eine möglichst gute Konstanz der Betragseinhüllenden führt aufgrund der gleichmäßigen Aussteuerung zu geringen nichtlinearen

Verzerrungen in der Sendestufe. Die Anforderungen an die Leistungsverstärker sinken.

c) Weitere mögliche Modulationsverfahren, die eine konstante Betragseinhüllende aufweisen sind u.a.:

- Offset-QPSK
- MSK / GMSK
- allgemein CPM

9.6.4 FSK-Modulation

a) Nach Gleichung (9.2.13) in [Kam08, S. 287] ergibt sich die komplexe Einhüllende eines FSK-Signals zum Zeitpunkt $t = iT \ldots (i+1)T$ zu

$$s_{\text{FSK}}(t) = e^{(\varphi(iT) + \eta d(i)(t/T - i))}. \tag{9.6.6}$$

Die Phasenwerte sind daher abhängig vom Modulationsindex η und der Datenfolge $d(i)$. Abbildung 9.6.3 zeigt den Verlauf der Phase für $i = 0, \ldots, 15T$.

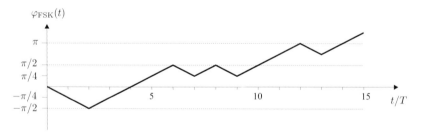

Abbildung 9.6.3: Verlauf des Phasenwinkels der komplexen Einhüllenden

b) Die Ortskurve des Sendesignals ist in Abbildung 9.6.4 zu sehen.

c) Die gesendete binäre Datenfolge kann man aus Aufgabenteil a) ableiten. Das Vorzeichen des resultierenden Phasenhubes pro Symbolintervall bestimmt dabei das entsprechende binäre Symbol. Daher lautet die Folge für $i = 0, \ldots, 15T$

$$d(i) = \{-1, -1, 1, 1, 1, 1, -1, 1, -1, 1, 1, 1, -1, 1, 1\}. \tag{9.6.7}$$

9.6 Lösungen

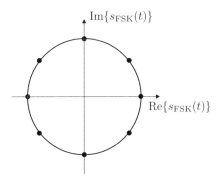

Abbildung 9.6.4: Ortskurve des Sendesignals

Je nach definiertem Mapping wäre auch eine Umkehrung der Vorzeichen in Gleichung (9.6.7) eine mögliche Lösung, wenn ein positiver Phasenhub einem Wert von -1 entsprechen würde.

d) Der Modulationsindex lässt sich aus Abbildung 9.6.4 ablesen und bestimmt sich zu $\eta = 1/4$. Dies lässt sich anhand des resultierenden Phasenhubes von $\pi/4$ pro Symbolintervall feststellen.

9.6.5 Minimum Shift Keying

a) Die Momentanphase lässt sich über den Verlauf der komplexen Einhüllenden auf dem Einheitskreis bestimmen, sowie der Kenntnis, dass als Sendefilter ein kosinusartiger Impuls nach Gleichung (9.2.18) in [Kam08, S. 289] verwendet wird. Der Verlauf der Phase auf dem Einheitskreis ist u.a. im Bild 9.2.2 [Kam08, S. 287] anhand eines FSK-Signals beispielhaft erläutert. Für die Momentanphase ergibt sich dann hier der in Abbildung 9.6.5 gezeigte Verlauf.

b) Die daraus zu den Abtastzeitpunkten gewonnene Datensequenz gewinnt man über das Vorzeichen der Phasenübergänge; sie lautet

$$d(i) = \{-1,\, 1,\, -1,\, -1,\, 1,\, 1,\, 1,\, -1,\, -1,\, -1,\, 1,\, 1,\, 1,\, -1,\, -1,\}\,. \tag{9.6.8}$$

c) Für die Gewichte hinsichtlich der Offset-QPSK-Interpretation

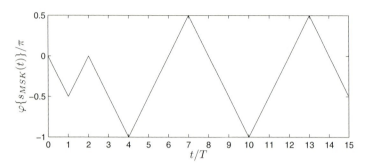

Abbildung 9.6.5: Verlauf der Momentanphase

gemäß Gleichung (9.2.20) in [Kam08, S. 290] erhält man mit

$$a(i) = j \cdot a(i-1) \cdot d(i-1) \qquad (9.6.9)$$

die nachfolgende Sequenz der Gewichte für $i = 0, \ldots, 14$

$$a(i) = \{1,\ -j,\ 1,\ -j,\ -1,\ -j,\ 1,\ +j,\ 1,\ -j,\ -1,\ -j,\ 1,\ j,\ 1\}. \qquad (9.6.10)$$

d) Das Spektrum eines MSK-Signals ergibt sich nach Gleichung (9.3.13b) in [Kam08, S. 298] zu

$$S_{SS_{MSK}}(\Omega) = \frac{16T}{\pi^2} \left[\frac{\cos(\Omega)}{1 - \left(\frac{2\Omega}{\pi}\right)^2} \right]^2. \qquad (9.6.11)$$

Zur Berechnung der ersten Nullstelle des Spektrums sind zunächst die Nullstellen des Zählers in der Klammer zu bestimmen und $0 = \cos(\Omega)$ zu setzen. Die Nullstellen liegen daher bei $\Omega = \left\{ \frac{\pi}{2}; \frac{3\pi}{2}; \frac{5\pi}{2}; \ldots \right\}$. Da sich im entsprechenden Nenner $1 - \left(\frac{2\Omega}{\pi}\right)^2$ an der Stelle $\pi/2$ ebenfalls eine Nullstelle ergibt, muss mit Hilfe der Regel von L'Hospital

$$\lim_{x \to x_0} \frac{f(x)}{g(x)} = \lim_{x \to x_0} \frac{f\prime(x)}{g\prime(x)}, \qquad (9.6.12)$$

mit $f(x) = \cos(x)$ und $g(x) = 1 - \left(\frac{2x}{\pi}\right)^2$, die erste mögliche Lösung überprüft werden. Nach Anwendung von Gleichung (9.6.12) stellt man fest, dass nach

$$\lim_{\Omega \to \frac{\pi}{2}} \frac{\cos(\Omega)}{1 - \left(\frac{2\Omega}{\pi}\right)^2} = \lim_{\Omega \to \frac{\pi}{2}} \frac{\pi^2}{8} \frac{\sin(\Omega)}{\Omega} = 0.79 \qquad (9.6.13)$$

$\pi/2$ keine Nullstelle von Gleichung (9.6.11) ist. Daher liegt die erste Nullstelle bei $\Omega = \frac{3\pi}{2}$. Das entsprechende Spektrum des MSK-Signals ist in Abbildung 9.6.6 dargestellt.

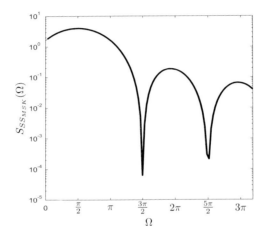

Abbildung 9.6.6: Spektrum des MSK-Signals

Kapitel 10

Prinzipien der Demodulation

10.1 GMSK / Diskriminator-Demodulator

Es findet eine GMSK-Übertragung mit der Bitrate $1/T$ über einen idealen, rauschfreien Kanal statt. Dabei ist die Bandbreite des Gaußtiefpasses am Sender mit $f_{\mathrm{3dB}} \cdot T = 0.25$ festgelegt. Am Empfänger erfolgt eine inkohärente Demodulation durch einen idealen FM-Demodulator, der die zeitliche Ableitung der Momentanphase bewirkt (Diskriminator-Demodulator *ohne* „Integrate-and-dump").

a) Berechnen Sie näherungsweise (Annahme: $\gamma_{GMSK}(\pm 2T) \approx 0$) das am Demodulatorausgang infolge der Intersymbolinterferenz vorhandene Signal-zu-Störverhältnis (S/I). Entnehmen Sie die benötigten Werte der erf-Funktion in Abbildung 10.1.1.
   Hinweis: Es gilt $\mathrm{erf}(x) = -\mathrm{erf}(-x)$.

b) Wie groß ist die minimale, relative, vertikale Augenöffnung am Demodulatorausgang?

10.2 Kohärente DQPSK-Demodulation

Eine Folge von acht gestörten DQPSK-Symbolen ($\lambda = 0$) wird empfangen. Die empfangenen Symbole $\tilde{s}_{\mathrm{DPSK}}(i)$ nach Matched-Filterung und Abtastung sind im Signalraumdiagramm in Abbildung 10.2.1 eingetragen, die zugehörigen Polarkoordinaten der Symbole sind Tabelle 10.2.1 zu entnehmen.

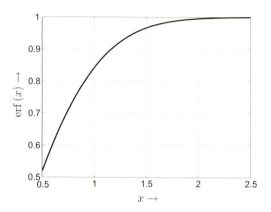

Abbildung 10.1.1: erf-Funktion

i	0	1	2	3	4	5	6	7
$|\tilde{s}_{\mathrm{DPSK}}(i)|$	1.3	0.8	0.9	0.7	1.2	1.3	1.0	1.2
$\arg\{\tilde{s}_{\mathrm{DPSK}}(i)\}/\pi$	0.1	0.9	0.6	-0.7	-0.9	0.3	0.1	0.3

Tabelle 10.2.1: Polarkoordinaten der Empfangssymbole aus Abbildung 10.2.1

a) Führen Sie eine *kohärente* DPSK-Demodulation der Empfangssymbole durch. Tragen Sie in das Signalraumdiagramm die für die kohärente Detektion gültigen Entscheidungsgrenzen ein.

b) Führen Sie die Schwellwertentscheidungen durch und geben Sie die so ermittelten entschiedenen Phasen $\hat{\varphi}(0), \ldots, \hat{\varphi}(7)$ an.

c) Führen Sie die differentielle Demodulation der in Aufgabenteil b) gefundenen Phasen aus. Bestimmen Sie die Differenzphasen $\Delta\hat{\varphi}(1)$ bis $\Delta\hat{\varphi}(7)$.

d) Geben Sie eine geeignete Gray-Codierung an. Wie lautet die damit decodierte Bitfolge $\hat{d}(i)$?

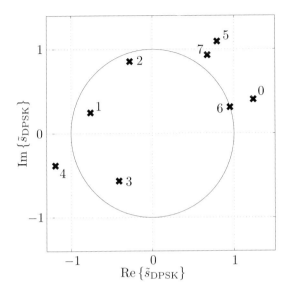

Abbildung 10.2.1: Empfangene Symbole nach der Matched-Filterung

10.3 Trägerregelung - Signalraumdarstellung des Phasenjitters

Ein QPSK-moduliertes Signal ($\lambda = \pi/4$) wird mit einer Symbolrate von 1.6 kBaud über eine Funkstrecke übertragen. Nachdem im Empfänger das Signal in das Basisband heruntergemischt worden ist, verbleibt ein Frequenzversatz von $\Delta f = 100$ Hz.

a) Entwerfen Sie eine Trägerphasenregelung 1. Ordnung. Der statische Phasenfehler soll nach entsprechender Regelung $\overline{\Delta \psi} = \pi/8$ betragen. Welchen Wert muss der Koeffizient a_0 annehmen?

b) Die Momentanphase des Kanals sei zusätzlich von einem Phasenjitter der Frequenz $f_1 = 31.8$ Hz und einem Phasenhub von $\Delta \phi_1 = \pi$ überlagert. Wie groß ist der maximale Phasenfehler nach einem gemäß Aufgabenteil a) entworfenen Regelkreis?

c) Skizzieren Sie das aus a) und b) resultierende Signalraummuster in der komplexen Ebene.

10.4 Trägerregelung 1. und 2. Ordnung

Über einen Fernsprechkanal werden Daten mittels 8-PSK übertragen. Die Symbolrate beträgt $1/T = 2.4$ kBaud. Es sollen die Einflüsse einer Frequenzverwerfung von $\Delta f = 75$ Hz sowie eines Phasenjitters mit dem Phasenhub $\Delta\phi_j = \pi/3$ und der Frequenz $f_j = 100$ Hz untersucht werden. Additives Rauschen und lineare Kanalverzerrungen sollen vernachlässigt werden.

Im kohärenten Empfänger wird zunächst eine entscheidungsrückgekoppelte Trägerphasenregelung 1. Ordnung verwendet.

a) Berechnen Sie den statischen Phasenfehler $\overline{\Delta\psi}$ und die resultierende Jitter-Amplitude $\Delta\hat{\psi}_j$, wenn die Schleifenkonstante des Trägerphasen-Regelkreises $a_0 = 1.0$ beträgt.

b) Kommt es infolge der beiden Einflüsse der Trägerregelung zu Symbolfehlentscheidungen? Begründen Sie Ihre Antwort.

c) Welche Bedingung muss die Summe der Koeffizienten a_1 und a_2 einer Trägerregelung *zweiter Ordnung* erfüllen, um Entscheidungsfehler auszuschließen?

d) Legen Sie nun bei der Trägerregelung 2. Ordnung die Konstante $a_1 = 1.0$ fest. Geben Sie den möglichen Wertebereich für a_2 an, wenn sowohl Entscheidungsfehler nach Aufgabenteil c) ausgeschlossen sein sollen, als auch die Stabilität des Regelkreises gewährleistet werden soll.

10.5 Bitfehlerwahrscheinlichkeit eines Regelkreises 1. Ordnung

Über einen Fernsprechkanal werden Daten mittels Gray-codierter 16-PSK-Modulation übertragen. Die Bitrate beträgt 8 kbit/s. Es erfolgt eine kohärente Demodulation, wobei eine Trägerregelung 1. Ordnung eingesetzt wird. Die Regelkreiskonstante wird auf $a_0 = 1$ festgelegt.

a) Bestimmen Sie den statischen Phasenfehler $\overline{\Delta\psi}$ bei einer Frequenzverwerfung auf dem Übertragungskanal von $\Delta f = 10$ Hz.

b) Auf dem Kanal liegt zusätzlich ein sinusförmiger Phasenjitter mit der Frequenz $f_1 = 100\,\text{Hz}$ und mit einem Phasenhub von $\Delta\phi_j = 0.223\pi$ vor. Bestimmen Sie die Amplitude des Phasenjitters nach der Phasenregelung.

c) Geben Sie die Bitfehlerwahrscheinlichkeit infolge des statischen Phasenfehlers und des Phasenjitters an.

Hinweis: Die Amplitudenverteilungsfunktion eines Sinus beträgt

$$P\{x < \sin(\omega_0 t)\} = \frac{1}{\pi}\arccos(x)\,. \qquad (10.5.1)$$

10.6 Lösungen

10.6.1 GMSK / Diskriminator-Demodulator

a) Da es sich um einen Diskriminator-Demodulator nach Abbildung (10.2.8) in [Kam08, S. 330] *ohne* „Integrate-and-dump" handelt, müssten zur Demodulation die Gleichungen (10.2.12a) bzw. (10.2.12b) in [Kam08, S. 337] verwendet werden

$$\dot{\varphi}(t) = \pi\eta \frac{1}{T} \sum_{\ell=0}^{\infty} d(\ell) \cdot \gamma_{\text{GMSK}}(t - \ell T) - \Delta\omega \,. \qquad (10.6.1)$$

Es wird dabei der Sendeimpuls $\gamma_{\text{GMSK}}(t)$ betrachtet und nicht etwa der Differenzimpuls $\Delta q(t)$!
Zur ISI-Berechnung muss demnach der Wert des Impulses $\gamma_{\text{GMSK}}(t)$ an den Stellen $-T$, 0 und $+T$ berechnet werden. Der Impuls bei Verwendung von GMSK $\gamma_{\text{GMSK}}(t)$ hat eine Form nach Gleichung (9.2.22) in [Kam08, S. 300]. Mit Hilfe dieses Impulses und der vorgegebenen f_{3dB}-Bandbreite des Gaußtiefpasses lässt sich dann berechnen:

$$\begin{aligned}
\gamma_{\text{GMSK}}(t) &= \frac{1}{2}\left[\text{erf}\left(\alpha\left(\frac{t}{T} + \frac{1}{2}\right)\right) - \text{erf}\left(\alpha\left(\frac{t}{T} - \frac{1}{2}\right)\right)\right] \\
\text{mit} \quad \alpha &= \sqrt{\frac{2}{\ln 2}} \cdot \pi \cdot f_{\text{3 dB}} \cdot T = 1.698 \cdot \pi \cdot 0.25 = 1.334 \\
\gamma_{\text{GMSK}}(0) &= \frac{1}{2}\left[\text{erf}\left(\frac{\alpha}{2}\right) - \text{erf}\left(-\frac{\alpha}{2}\right)\right] \\
&= \text{erf}\left(\frac{\alpha}{2}\right) \\
&= \text{erf}(0.667) \approx 0.65 \quad (\text{exakt: } 0.6545) \quad (10.6.2) \\
\gamma_{\text{GMSK}}(1) &= \gamma_{\text{GMSK}}(-1) \\
&= \frac{1}{2}\left[\text{erf}\left(\frac{3}{2}\cdot\alpha\right) - \text{erf}\left(\frac{1}{2}\cdot\alpha\right)\right] \\
&= \frac{1}{2}\left[\text{erf}(2) - \text{erf}(0.667)\right] \\
&= \frac{1}{2}[0.99 - 0.65] \\
&= 0.17 \quad (\text{exakt: } 0.1704) \quad (10.6.3)
\end{aligned}$$

Das Signal-zu-Interferenz-Verhältnis ergibt sich dann zu

$$\frac{S}{I} = \frac{(\gamma_{\text{GMSK}}(0))^2}{2 \cdot (\gamma_{\text{GMSK}}(1))^2} = \frac{(0.6545)^2}{2 \cdot (0.1704)^2} = 7.37 \,\hat{=}\, 8.68\,\text{dB} \quad (10.6.4)$$

b) Die minimale relative vertikale Augenöffnung beschreibt das Verhältnis der durch die ISI hervorgerufenen Verringerung der Signalamplitude zur Amplitude des Originalimpulses zum Abtastzeitpunkt. In Abbildung 10.6.1 ist diese Verringerung graphisch erläutert.

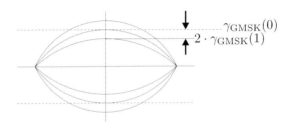

Abbildung 10.6.1: Verringerung der relativen vertikalen Augenöffnung durch ISI

Demnach berechnet sie sich zu

$$v = \frac{\gamma_{\text{GMSK}}(0) - 2 \cdot \gamma_{\text{GMSK}}(1)}{\gamma_{\text{GMSK}}(0)} = \frac{0.65 - 0.34}{0.65} = 0.4792 \,\hat{=}\, 47.92\%.$$
$$(10.6.5)$$

10.6.2 Kohärente DQPSK-Demodulation

a) Die für Aufgabenteil b) benötigten Entscheidungsgrenzen des Demodulators sind in Abbildung 10.6.2 eingezeichnet. Zu beachten ist hierbei, dass die Initialphase der DQPSK-Symbole in der Aufgabenstellung $\lambda = 0$ lautet und die Schwellwerte dementsprechend bei $\pm\pi/4$ den Einheitskreis teilen.

b) Unter Berücksichtigung von Aufgabenteil a) lassen sich folgende Phasen nach Tabelle 10.6.1 ermitteln.

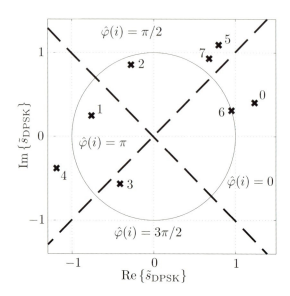

Abbildung 10.6.2: Empfangssymbole und Entscheidungsgrenzen des Demodulators

i	0	1	2	3	4	5	6	7
$\hat{\varphi}(i)$	0	π	$\pi/2$	$3\pi/2$	π	$\pi/2$	0	$\pi/2$

Tabelle 10.6.1: Ermittelte Phasenwerte

c) Eine differentielle Demodulation lässt sich mit Hilfe von Gleichung (10.2.1) in [Kam08, S. 322] durchführen.

$$\Delta\hat{\varphi}(i) = \hat{\varphi}(i) - \hat{\varphi}(i-1) \qquad (10.6.6)$$

Damit ergeben sich dann die Differenzphasen nach der Demodulation in Tabelle 10.6.2.

d) Um eine geeignete Gray-Codierung für $\text{ld}(M) = 2$ anzugeben, muss die Unterscheidung unmittelbar benachbarter Symbole (kleinste Euklidische Distanz) von nur einem Bit beachtet werden. Demnach ergeben sich hier einige richtige Möglichkeiten, je nach Zuord-

10.6 Lösungen

i	1	2	3	4	5	6	7
$\Delta\hat{\varphi}(i)$	π	$-\pi/2$	π	$-\pi/2$	$-\pi/2$	$-\pi/2$	$\pi/2$

Tabelle 10.6.2: Differenzphasenwerte nach der Demodulation

nung des Realteil- und Imaginärteilbits. Eine beispielhafte Gray-Codierung ist in Abbildung 10.6.3 dargestellt.

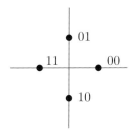

Abbildung 10.6.3: Mögliche Gray-Codierung für DQPSK-Symbole

Mit dieser Codierung lautet die decodierte Bitfolge nach entsprechender Zuordnung der Symbole

$$\hat{d}(i) = \{\,11\quad 10\quad 11\quad 10\quad 10\quad 10\quad 01\,\}. \tag{10.6.7}$$

10.6.3 Trägerregelung - Signalraumdarstellung des Phasenjitters

a) Die Berechnung des Phasenregelkreises basiert auf dem linearisierten Model aus Kapitel 10.3.3 in [Kam08]. Die vorhandenen frequenz- und zeitabhängigen Phasenstörungen setzen sich aus einem statischen Phasenfehler und einem Phasenjitter zusammen, so dass

$$\Delta\hat{\psi}(iT) = \underbrace{\overline{\Delta\psi}}_{\text{Stat. Phasenfehler}} + \underbrace{\Delta\psi_j(iT)}_{\text{Phasenjitter}} \tag{10.6.8}$$

gilt. Nach Gleichung (10.3.21) in [Kam08, S. 339] ergibt sich für den statischen Phasenfehler

$$\overline{\Delta\psi} = \frac{\Delta\omega T}{a_0}, \qquad (10.6.9)$$

der durch den größtmöglichen Wert von a_0 zu minimieren ist. Für diese Aufgabe kann mit Gleichung (10.6.9) der Koeffizient a_0 bestimmt werden zu

$$a_0 = \frac{\Delta\omega T}{\overline{\Delta\psi}} = \frac{2\pi \cdot 100\frac{1}{s}}{\pi/8 \cdot 1600\frac{1}{s}} = 1. \qquad (10.6.10)$$

b) Der in diesem Aufgabenteil zu bestimmende Phasenjitter für einen Regelkreis 1. Ordnung lässt sich mit Gleichung (10.3.29b) in [Kam08, S. 341]

$$\Delta\psi(iT) \approx \frac{-\Delta\phi_j\,\omega_j\,T}{a_0} \cdot \sin\left(\omega_j\,T \cdot i\right) \qquad (10.6.11)$$

bestimmen. Hier ist nach der maximalen Phasenstörung gefragt, weshalb von Gleichung (10.6.11) das Maximum zu bestimmen und dies in Gleichung (10.6.8) einzusetzen ist. Für den Maximalwert des Jitters gilt dann

$$\max\left\{\Delta\psi_j(iT)\right\} \approx \frac{\Delta\phi_1\,\omega_1\,T}{a_0} = \frac{\pi \cdot 2\pi \cdot 31.8\frac{1}{s}}{1600\frac{1}{s}} \approx \pi/8, \qquad (10.6.12)$$

womit sich die maximale Phasenstörung zu

$$\Delta\hat{\psi} = \overline{\Delta\psi} + \max\left\{\Delta\psi_j(iT)\right\} \approx \pi/4 \qquad (10.6.13)$$

bestimmen lässt.

c) Das komplexe Signalraumdiagramm des Empfangssignals nach der Trägerregelung ist in Abbildung 10.6.4 dargestellt. Der statische Phasenfehler bewirkt eine feste Signalraumrotation um den Faktor $\pi/8$. Der Phasenjitter dagegen resultiert in einer sinusförmigen Schwingung mit einer maximalen Amplitude von $\pi/8$ um den statischen Phasenfehler herum.

10.6 Lösungen

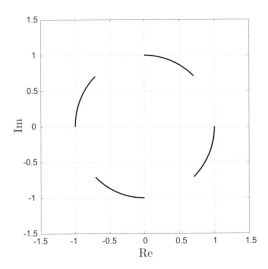

Abbildung 10.6.4: Komplexer QPSK-Signalraum nach der Trägerregelung

10.6.4 Trägerregelung 1. und 2. Ordnung

a) Der statische Phasenfehler $\overline{\Delta\psi}$ ergibt sich nach Gleichung (10.6.9) zu:

$$\overline{\Delta\psi} = 2\pi \cdot \frac{\Delta f}{1/T} \cdot \frac{1}{a_0} = 2\pi \cdot \frac{75}{2400\frac{1}{s}} = \pi \cdot 0.0625 = 0.1963 \;\hat{=}\; 11.25° \tag{10.6.14}$$

Die resultierende maximale Jitter-Amplitude beträgt nach Gleichung (10.6.12):

$$\begin{aligned}\max\left\{\Delta\hat{\psi}_j(iT)\right\} &= 2\pi \cdot \frac{\Delta\phi_j \cdot f_j}{1/T} \cdot \frac{1}{a_0} = 2\pi \cdot \frac{\pi/3 \cdot 100\frac{1}{s}}{2400\frac{1}{s}} \\ &= \pi \cdot 0.0873 = 0.2743 \;\hat{=}\; 15.71° \end{aligned} \tag{10.6.15}$$

b) Es kommt zu Symbolfehlentscheidungen, wenn die Summe beider Fehler nach Gleichung (10.6.8) die Entscheidungsgrenzen der Konstellation überschreitet. Für eine M-stufige PSK-Übertragung muss die Phasenablage unter π/M liegen, hier also $\pi/8$. Die Summe der Fehler ist

$$\overline{\Delta\psi} + \max\left\{\Delta\hat{\psi}_j(iT)\right\} = \pi \cdot (0.0625 + 0.0873) = 0.1498\,\pi \,\hat{=}\, 26.96°, \tag{10.6.16}$$

während der maximal erlaubte Phasenwert bei

$$\varphi_{\text{Entscheider}} \;=\; \frac{\pi}{8} \;=\; 0.125\,\pi \,\hat{=}\, 22.5° \tag{10.6.17}$$

liegt. Der Entscheidungswinkel wird somit überschritten, und es werden Fehlentscheidungen auftreten.

c) Bei einer Trägerregelung zweiter Ordnung kann der statische Phasenfehler vermieden werden und wird zu Null, so dass nur der Phasenjitter eine Rolle spielt. Für die maximale Amplitude des Jitters kann nach Gleichung (10.3.30b) in [Kam08, S. 341]

$$\max\left\{\Delta\hat{\psi}_j(iT)\right\} \;=\; \frac{\Delta\phi_j \cdot (2\pi \cdot f_j \cdot T)^2}{a_1 + a_2} \;<\; \frac{\pi}{8} \tag{10.6.18}$$

angesetzt werden. Für die Koeffizienten a_1 und a_2 muss dann hier gelten

$$\frac{\pi}{3} \cdot \frac{(2\pi \cdot 100\tfrac{1}{s}/2400\tfrac{1}{s})^2}{\pi/8} = 0.1828 < a_1 + a_2\,. \tag{10.6.19}$$

d) Mit $a_1 = 1$ ergibt sich aus der obigen Relation (10.6.19), dass $a_2 > -0.8172$ sein muss. Die Stabilität des Regelkreises ist nach Abbildung 10.3.8 in [Kam08, S. 340] gegeben für $-2 < a_2 < 0$. Damit ergibt sich insgesamt als Wertebereich für a_2

$$-0.8172 < a_2 < 0\,. \tag{10.6.20}$$

Alternativ kann Gleichung (10.3.25) in [Kam08, S. 340] verwendet werden, wobei die untere Grenze $a_2 > -0.8172$ wie oben bestimmt wird. Dann ergibt sich mit $a_1 = 1$

$$\left| \left(1 - \frac{a_1}{2}\right) \pm \sqrt{\left(1 - \frac{a_1}{2}\right)^2 - 1 - a_2} \right| < 1$$

$$\left| 0.5 \pm \sqrt{-(a_2 + 0.75)} \right| < 1 \tag{10.6.21}$$

Solange $a_2 < -0.75$ bleibt, ist die Wurzel reell, darüber hinaus ergibt sich ein komplexer Wert. Wir untersuchen die Werte $a_2 > -0.75$, da wir an der oberen Grenze interessiert sind. Dafür ergibt sich

$$\sqrt{(0.5)^2 + (a_2 + 0.75)} < 1 \;\Rightarrow\; a_2 < 0\,. \qquad (10.6.22)$$

10.6.5 Bitfehlerwahrscheinlichkeit eines Regelkreises 1. Ordnung

a) Zunächst ist die Symbolrate zu bestimmen

$$\frac{1}{T} = \frac{1}{\mathrm{ld}\,(M)} \cdot \frac{1}{T_{\mathrm{bit}}} = 2\,\mathrm{kBaud}\,. \qquad (10.6.23)$$

Für eine Trägerregelung 1. Ordnung ergibt sich nach Gleichung (10.6.9) dann folgender statischer Phasenfehler

$$\overline{\Delta\psi} = \frac{\Delta\omega T}{\alpha_0} = 2\pi \cdot \frac{\Delta f}{1/T} = 2\pi \cdot \frac{10\frac{1}{s}}{2 \cdot 10^3 \frac{1}{s}} = 0.01\pi\,. \qquad (10.6.24)$$

b) Die resultierende maximale Jitteramplitude kann dann nach Gleichung (10.6.12) berechnet werden

$$\max\left\{\Delta\hat{\psi}_j(iT)\right\} = \frac{\Delta\phi_1\,\omega_1 T}{\alpha_0} = \pi \cdot 0.223 \cdot \frac{2\pi \cdot 100\frac{1}{s}}{2 \cdot 10^3 \frac{1}{s}} = 0.0223\pi^2\,. \qquad (10.6.25)$$

c) Bei einer 16-PSK Übertragung tritt eine Fehlentscheidung bei Überschreitung der Phasengrenze $\pi/16 = 0.0625\pi$ auf.

$$P_s = P\left\{\overline{\Delta\psi} + \Delta\hat{\psi}_j(iT) > \frac{\pi}{16}\right\} \qquad (10.6.26)$$

Mit dem statischen Phasenfehler aus Gleichung (10.6.24) und der sinusförmigen Jitteramplitude mit dem Maximalwert aus Gleichung (10.6.25) lässt sich eine Skizze nach Abbildung 10.6.5 anfertigen, die Jitterschwingung wurde dort normiert.

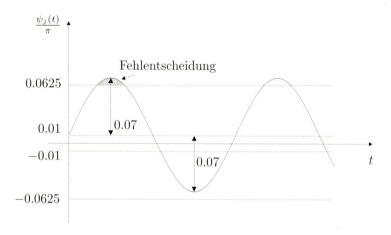

Abbildung 10.6.5: Normierte sinusförmige Phasenjitterschwingung

Mit Gleichung (10.6.26) sowie den Ergebnissen aus (10.6.24) und (10.6.25) kann man dann für die Symbolfehlerwahrscheinlichkeit herleiten

$$P_s = P\left\{\Delta\hat{\psi}_j(iT) > \frac{\pi}{16} - \overline{\Delta\psi}\right\} \qquad (10.6.27\text{a})$$

$$= P\left\{\frac{\Delta\phi_1\,\omega_1 T}{\alpha_0}\sin(\omega T \cdot i) > 0.0525\pi\right\} \qquad (10.6.27\text{b})$$

$$= P\left\{\sin(\omega T \cdot i) > \frac{0.0525\pi}{0.07\pi} = 0.75\right\}. \qquad (10.6.27\text{c})$$

Unter Zuhilfenahme von Gleichung (10.5.1) ergibt sich eine Symbolfehlerwahrscheinlichkeit von

$$P_s = P\{\sin(\omega T \cdot i) > 0.75\} = \frac{\arccos(0.75)}{\pi} = 0.23\,. \qquad (10.6.28)$$

Daraus folgt dann eine Bitfehlerwahrscheinlichkeit von

$$P_b = \frac{P_s}{\operatorname{ld}(M)} = \frac{0.23}{4} = 5.8 \cdot 10^{-2}\,. \qquad (10.6.29)$$

Kapitel 11

Übertragung über AGN-Kanäle

11.1 Maximum-a-posteriori Empfänger für ein ASK-Signal

Ein ASK-Signal der Form

$$s(t) = \sum_i d(i) g_S(t - iT) \quad \text{mit} \tag{11.1.1}$$

$$d(i) = \{0, 1\} \quad \text{und} \quad g_S(t) = \begin{cases} 1/T & 0 \leq t \leq T \\ 0 & \text{sonst} \end{cases} \tag{11.1.2}$$

wird im äquivalenten Basisband über einen AWGN-Kanal übertragen. Der Kanal bewirkt eine konstante Amplitudenbewertung mit $a > 0$ und eine Phasendrehung um ψ_0. Das eingespeiste gaußverteilte Rauschen hat eine Leistung von σ_N^2.

a) Entwickeln und skizzieren Sie für den Fall gleicher A-priori-Wahrscheinlichkeit

$$P(d(i) = 0) = P(d(i) = 1) = 1/2 \tag{11.1.3}$$

aus dem allgemeinen Maximum-a-posteriori (MAP)-Korrelationsempfänger eine Empfangsstruktur.

b) Nehmen Sie nun unterschiedliche A-priori-Wahrscheinlichkeiten

$$P(d(i) = 0) = 0.2 \quad \text{und} \quad P(d(i) = 1) = 0.8 \tag{11.1.4}$$

an und modifizieren Sie die Empfangsstruktur in Hinblick auf den optimalen MAP-Empfänger.

c) In welchem Falle ist die Kenntnis der Kanal-Rauschleistung erforderlich?

11.2 QPSK-Bitfehlerwahrscheinlichkeit bei Matched Filterung

Mittels Gray-codierter QPSK-Daten der Form

$$d(i) \in \sqrt{0.5} \cdot \{(+1+j);\ (+1-j);\ (-1-j);\ (-1+j)\}$$

werden binäre Daten über einen Richtfunkkanal übertragen. Die Dauer eines Symbols beträgt $T = 50$ ns. Die Impulsantwort des Sendefilter $g_S(t)$ ist der rechteckförmige Impuls in Abbildung 11.2.1.

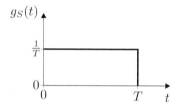

Abbildung 11.2.1: Sendefilter $g_S(t)$

Im Bandpass-Bereich wird weißes, gaußverteiltes Rauschen der Leistungsdichte $0.03 \cdot T$ überlagert. Im Empfänger wird immer ideale Synchronisation angenommen.

a) Bestimmen Sie die Datenübertragungsrate des Systems sowie das E_b/N_0-Verhältnis. Geben Sie außerdem ein kausales Empfangsfilter $g_E(t)$ graphisch an, das im Sinne einer Rauschanpassung ideal ist.

b) Bestimmen Sie die zu erwartende Bitfehlerrate unter Einsatz des unter a) gefundenen Empfangsfilters.

Hinweis: Evtl. benötigte Werte der erfc-Funktion entnehmen Sie der Abbildung 11.2.3.

c) Als Empfänger sollen nun Modelle anderer Hersteller (A und B) verwendet werden. Diese unterscheiden sich nur durch ihre Empfangsfilter (vgl. Abbildung 11.2.2).

11.2 QPSK-Bitfehlerwahrscheinlichkeit bei Matched Filterung 113

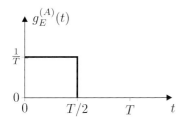
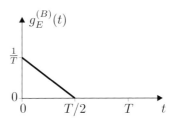

Abbildung 11.2.2: Empfangsfilter $g_E^{(A)}(t)$ und $g_E^{(B)}(t)$ unterschiedlicher Hersteller

Berechnen Sie für beide Filtermodelle erneut die Bitfehlerrate.

Hinweis: Evtl. benötigte Werte der erfc-Funktion entnehmen Sie erneut der Abbildung 11.2.3.

d) Skizzieren Sie sowohl für das unter a) angegebene als auch für die unter c) angegebenen Empfangsfilter die Augendiagramme.

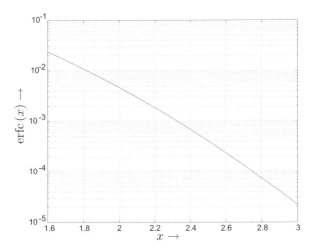

Abbildung 11.2.3: Komplementäre Fehlerfunktion erfc (x)

11.3 QPSK-Fehlerwahrscheinlichkeit

Bei einer QPSK-Übertragung über einen AWGN-Kanal ergibt eine ideale kohärente Demodulation eine Symbolfehlerwahrscheinlichkeit von $P_s = 10^{-1}$.

a) Berechnen Sie hieraus die Bitfehlerwahrscheinlichkeit unter der Annahme einer Gray-Codierung.

Hinweis: Legen Sie bei Ihrer Rechnung die exakte Formel für die *Symbolfehlerwahrscheinlichkeit* zugrunde, bei der Fehlentscheidungen auch auf diagonal gegenüberliegende Signalraumpunkte führen können.

b) Wie groß ist die Wahrscheinlichkeit von Doppelbitfehlern?

11.4 Höherstufige PSK-Übertragung

Quelldaten mit einer Bitrate von $1/T_b$ werden mittels 8-PSK über einen AWGN-Kanal übertragen. Es erfolgt eine rechteckförmige Impulsformung mit der Amplitude $1/T$. Die spektrale Leistungsdichte des Rauschens beträgt $N_0/2 = T_b/20$.

a) Ermitteln Sie die Symbolfehlerwahrscheinlichkeit sowie die Bitfehlerwahrscheinlichkeit unter der Annahme, daß pro Symbol jeweils nur ein Bit gestört ist.

Hinweis: Entnehmen Sie die benötigten Werte der erfc-Funktion Tabelle 11.4.1:

x	2.0	2.1	2.2	2.3	2.4	2.5	2.6	2.7	2.6
$10^3 \cdot \mathrm{erfc}(x)$	4.7	3.0	1.9	1.1	0.7	0.4	0.2	0.1	0.075

Tabelle 11.4.1: Wertetabelle der erfc-Funktion

b) Welche spektrale Leistungsdichte muss das Kanalrauschen aufweisen, wenn die Übertragung mittels 16-PSK erfolgt und die gleiche Symbolfehlerwahrscheinlichkeit erzielt werden soll? Geben Sie den E_b/N_0-Verlust zwischen 16-PSK und 8-PSK in dB an.

11.5 Bitfehlerwahrscheinlichkeit für MSK und DBPSK

Bei einer MSK-Übertragung über einen AWGN-Kanal wird am Empfänger bei idealer kohärenter Demodulation eine Bitfehlerrate von $P_b = 2 \cdot 10^{-4}$ gemessen.

a) Wie hoch ist unter den gleichen Kanalbedingungen die Bitfehlerwahrscheinlichkeit bei DBPSK-Übertragung mit inkohärenter Demodulation?

b) Um welchen Wert in dB müsste das Signal-zu-Störverhältnis erhöht werden, um bei inkohärenter DBPSK ebenfalls die Bitfehlerwahrscheinlichkeit $P_b = 2 \cdot 10^{-4}$ zu erhalten?

Hinweis: Benötigte Werte der erfc-Funktion sind der Abbildung 11.2.3 auf S. 113 zu entnehmen.

11.6 Lösungen

11.6.1 Maximum-a-posteriori Empfänger für ein ASK-Signal

a) Eine ausführliche Herleitung des MAP-Empfängers ist u.a. in Kapitel 11.1 in [Kam08] zu finden. Die hier benötigte Detektionsvorschrift für einen MAP-Decoder lautet allgemein

$$\hat{m} = \underset{m}{\operatorname{argmax}} \left\{ \operatorname{Re} \left\{ \frac{1}{a} e^{-j\psi_0} \int\limits_{iT}^{(i+1)T} y(t)\,dt \right\} - \frac{E_m}{2} + \frac{\sigma_N^2}{2a^2} \ln(P(m)) \right\}.$$
(11.6.1)

Der Skalar m indiziert die Hypothesen für das gesendete Symbol $d(i)$, d.h. $m = 0$ bzw. $m = 1$ repräsentiert $d(i) = 0$ bzw. $d(i) = 1$. Unter Berücksichtigung gleicher A-priori-Wahrscheinlichkeiten ergibt sich somit eine Struktur nach Abbildung 11.6.1:

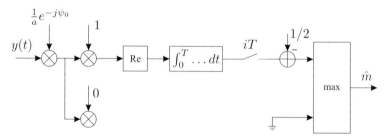

Abbildung 11.6.1: MAP-Korrelationsempfänger

Man beschränkt sich bei gleicher Auftrittswahrscheinlichkeit auf die Auswertung des Maximum-Likelihood-Kriteriums nach Gleichung (11.2.4) in [Kam08, S. 361]

$$\hat{m} = \underset{m}{\operatorname{argmax}} \left\{ \operatorname{Re} \left\{ \frac{1}{a} e^{-j\psi_0} \int\limits_{iT}^{(i+1)T} y(t)\,dt \right\} - \frac{E_m}{2} \right\}. \quad (11.6.2)$$

Der Term $E_m/2$ kann hier aufgrund der unterschiedlichen Energien E_m der Sendedaten nicht entfallen. Zieht man aber die Menge möglicher Datenwerte $d_m(i) \in \{0,1\}$ in Betracht, lässt sich die Struktur wie in Abbildung 11.6.2 weiter vereinfachen.

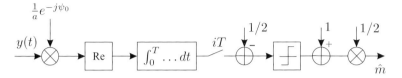

Abbildung 11.6.2: Vereinfachter ML-Empfänger

b) Mit ungleichen A-priori-Wahrscheinlichkeiten $P(m)$ ist der letzte auftretende Term in Gleichung (11.6.1) nicht für alle Datensymbole identisch, so dass er in der Struktur berücksichtigt werden muss. Es ergibt sich dann eine Struktur nach Abbildung 11.6.3.

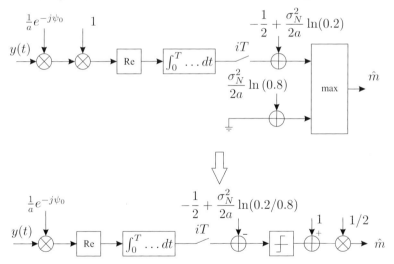

Abbildung 11.6.3: Resultierender MAP-Empfänger bei unterschiedlichen Auftrittswahrscheinlichkeiten

c) Die Rauschleistung σ_N^2 ist nur im letzten Term von Gleichung (11.6.1) enthalten. Dieser Term muss nur bei ungleichen A-priori-Wahrscheinlichkeiten berücksichtigt werden.

11.6.2 QPSK-Bitfehlerwahrscheinlichkeit bei Matched Filterung

a) Die Übertragungsrate entspricht der Anzahl gesendeter Bits pro Symboldauer

$$R = \text{ld}(M) \cdot \frac{1}{T} = \frac{2}{50\,\text{ns}} = 40\,\text{Mbit/s}\,. \qquad (11.6.3)$$

Für das E_b/N_0-Verhältnis muss die Energie pro Bit sowie die Rauschleistung im äquivalenten Tiefpassbereich bestimmt werden. Die Symbolenergie der QPSK-Daten $d(i)$ folgt unter der Annahme der Matched-Filterung über

$$\begin{aligned}
E_s &= |\bar{d}|^2 \cdot T^2 \cdot \int_{-\infty}^{\infty} (g_E(\tau)g_S(T-\tau)\,d\tau)^2 & (11.6.4\text{a}) \\
&= |\bar{d}|^2 \cdot T^2 \cdot \int_0^T |g_S(t)|^2 \, dt & (11.6.4\text{b}) \\
&= |\bar{d}|^2 \cdot T^2 \cdot \int_0^T \left|\frac{1}{T}\right|^2 dt = |\bar{d}|^2 T^2 \cdot \frac{1}{T} = T & (11.6.4\text{c})
\end{aligned}$$

Dies entspricht Gleichung (9.1.17) in [Kam08, S. 281]. Daraus lässt sich die Energie pro Bit berechnen zu

$$E_b = \frac{E_s}{\text{ld}(M)} = \frac{T}{2} \qquad (11.6.5)$$

Die Rauschleistung im Bandpassbereich muss in die Rauschleistung im äquivalenten Tiefpassbereich umgerechnet werden. Eine graphische Erläuterung der Rauschleistungsdichte kann im Bild 11.4.1 in [Kam08, S. 372] gefunden werden. Die Leistung des Rauschen muss im Basisband doppelt so groß sein, da komplexwertiges Rauschen anzusetzen ist.

$$N_0 = 0.06 \cdot T \qquad (11.6.6)$$

Mit den Gleichungen (11.6.5) und (11.6.6) ergibt sich für das E_b/N_0-Verhältnis

$$\frac{E_b}{N_0} = \frac{T/2}{0.06 \cdot T} = 8.33 \approx 9.2\,\text{dB}\,. \qquad (11.6.7)$$

11.6 Lösungen

Die Impulsantwort des Matched-Filters $g_E^{(MF)}(t)$ erhält man graphisch durch Spiegelung an der Y-Achse, sowie anschließender Verschiebung um T zur kausalen Darstellung. Die Impulsantwort ist in Abbildung 11.6.4 skizziert.

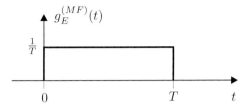

Abbildung 11.6.4: Impulsantwort des Matched-Filters

b) Das eingesetzte Matched Filter maximiert das Signal-zu-Rausch-Verhältnis (S/N). Nach Gleichung (8.3.40) in [Kam08, S. 264] ergibt sich bei maximalem S/N eine Bitfehlerrate von

$$P_{b,MF} = \frac{1}{2} \cdot \text{erfc}\left(\sqrt{\frac{E_s}{2 \cdot N_0}}\right) \qquad (11.6.8\text{a})$$

$$= \frac{1}{2} \cdot \text{erfc}\left(\sqrt{\frac{E_b}{N_0}}\right) \qquad (11.6.8\text{b})$$

$$= \frac{1}{2} \cdot \text{erfc}(2.886) = 2.2 \cdot 10^{-5}. \qquad (11.6.8\text{c})$$

Der benötigte Wert der erfc-Funktion kann dabei aus Abbildung 11.2.3 abgelesen werden.

c) Für ein nicht angepasstes Empfangsfilter gilt nach Gleichung (8.3.9) in [Kam08, S. 254] ein Mismatching der Form

$$\gamma^2 = \frac{\left[\int_{-\infty}^{\infty} g_E(\tau) \cdot g_S(T-\tau)\,d\tau\right]^2}{\int_{-\infty}^{\infty} |g_E(t)|^2\,dt \cdot \int_{-\infty}^{\infty} |g_S(t)|^2\,dt} \qquad (11.6.9)$$

was einer Degradation des S/N entspricht. Bei der vorher behandelten Matched-Filterung wird Gleichung (11.6.9) zu Eins, was der erwähnten Maximierung des S/N entspricht. Für das Filter des Herstellers A lässt sich das Mismatching berechnen zu

$$\gamma_A^2 = \frac{\left[\int_0^{T/2} \frac{1}{T^2}\, d\tau\right]^2}{\frac{1}{2T} \cdot \frac{1}{T}} = \frac{\frac{1}{4T^2}}{\frac{1}{2T^2}} = \frac{1}{2} \approx -3\,\text{dB}\,. \tag{11.6.10}$$

Das berechnete Mismatching ist in Gleichung (11.6.8a) zu berücksichtigen. Dann folgt für die Bitfehlerrate unter Benutzung des Empfangsfilters $g_E^{(A)}(t)$

$$P_{b,A} = \frac{1}{2} \cdot \text{erfc}\left(\sqrt{\frac{E_b}{N_0}\gamma_A^2}\right) = \frac{1}{2} \cdot \text{erfc}(2.04) = 1.9 \cdot 10^{-3}\,. \tag{11.6.11}$$

Für den Hersteller B ergibt sich entsprechend der vorherigen Berechnungen folgendes Mismatching

$$\gamma_B^2 = \frac{\left[\int_0^{T/2} \frac{1}{T^2}\tau\, d\tau\right]^2}{\frac{1}{T} \cdot \int_0^{T/2} \frac{1}{T^2}\tau^2\, d\tau} = \frac{\left[\frac{1}{T^2}\left[\frac{1}{2}\tau^2\right]_0^{T/2}\right]^2}{\frac{1}{T} \cdot \frac{1}{T^2}\left[\frac{1}{3}\tau^3\right]_0^{T/2}} \tag{11.6.12a}$$

$$= \frac{\frac{1}{64}}{\frac{1}{24}} = 0.375 \approx -4.26\,\text{dB}\,. \tag{11.6.12b}$$

Die Bitfehlerrate mit dem entsprechenden Empfangsfilter $g_E^{(B)}(t)$ ist damit

$$P_{b,B} = \frac{1}{2} \cdot \text{erfc}\left(\sqrt{\frac{E_b}{N_0}\gamma_B^2}\right) = \frac{1}{2} \cdot \text{erfc}(1.76) = 6.4 \cdot 10^{-3}\,. \tag{11.6.13}$$

d) Die resultierenden Augendiagramme sind abhängig von der Gesamtimpulsantwort aus Sende- und Empfangsfilter. Sie berechnet sich aus der Faltung beider Impulse $g_S(t) * g_E(t)$. Die Gesamtimpulse nach der Faltung, sowie die sich damit ergebenden Augendiagramme für alle drei Empfangsfilter sind in Abbildung 11.6.5 dargestellt.

11.6 Lösungen

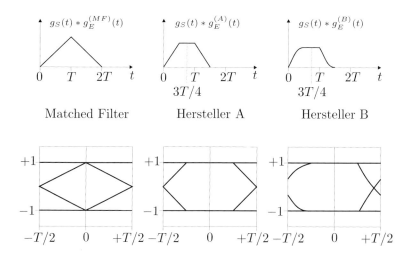

Abbildung 11.6.5: Gesamtimpulsantworten und Augendiagramme der verschiedenen Empfangsfilter

11.6.3 QPSK-Fehlerwahrscheinlichkeit

a) Eine QPSK-Übertragung über den AWGN-Kanal kann äquivalent als die Übertragung zweier BPSK-Signale (die I-und Q-Komponenten) über zwei AWGN-Kanäle interpretiert werden. Führt man die beiden Fehlerereignisse A und B ein, die einen Bitfehler in der I- bzw. Q-Komponente beschreiben, dann gilt zunächst, dass die Auftrittswkt. beider Ereignisse der gesuchten Bitfehlerwkt. entspricht

$$P(A) = P(B) = P_b\,. \qquad (11.6.14)$$

Damit ist die Fehlerwkt. für ein QPSK-Symbol beschrieben durch

$$\begin{aligned} P_s &= P(A+B) = P(A) + P(B) - P(A \cdot B) \quad (11.6.15) \\ &= 2P_b - P_b^2 \quad (11.6.16) \end{aligned}$$

Eine Symbolfehlerrate von $P_s = 10^{-1}$ würde, wenn pro QPSK-Symbol stets nur ein einziges der beiden Bits verfälscht würde (was den günstigsten Fall darstellt), auf die halbe Bitfehlerrate führen, also auf $P_b = 0.5 \cdot 10^{-1}$. Da mit sehr geringer Wahrscheinlichkeit jedoch auch Doppelbitfehler auftreten, muß die exakte Bitfehlerwahrscheinlichkeit etwas *über* diesem Wert liegen. Aus (11.6.16) folgt

$$P_b = 1 \pm \sqrt{1 - P_s} \quad \Rightarrow \quad P_b = 0.513 \cdot 10^{-1}. \quad (11.6.17)$$

Dabei muss in Gleichung (11.6.17) das Minus-Zeichen verwendet werden, da die Bitfehlerwahrscheinlichkeit kleiner Eins sein muss. Der so erhaltene Wert ist wie erwartet etwas größer als der Wert aus der Vorüberlegung.

b) Wegen der statistischen Unabhängigkeit der Abtastwerte der Rauschstörung in Real- und Imaginärteil gilt (vgl. (11.4.31) in [Kam08, S.380])

$$P\{\text{Doppelbitfehler}\} = P(A \cdot B) = P_b \cdot P_b = 2.63 \cdot 10^{-3}. \quad (11.6.18)$$

11.6.4 Höherstufige PSK-Übertragung

a) Die Symbol- und Bitfehlerwahrscheinlichkeit für höherstufige PSK-Signale unter der Annahme einer Gray-Codierung ist in den Gleichungen (11.4.35) und (11.4.36) in [Kam08, S. 383] zu finden. Dabei gilt

$$P_s \approx \text{erfc}\left(\sqrt{\text{ld}(M)\frac{E_b}{N_0}} \sin\left(\frac{\pi}{M}\right)\right) = \text{erfc}\left(\sqrt{\frac{E_s}{N_0}} \sin\left(\frac{\pi}{8}\right)\right), \quad (11.6.19)$$

sowie

$$P_b \approx \frac{P_s}{\text{ld}(M)}. \quad (11.6.20)$$

Für die Symbolenergie gilt bei rechteckförmiger Impulsformung und mit $|\bar{d}|^2 = 1$

$$E_s = |\bar{d}|^2 \cdot T^2 \cdot \int_0^T g_S^2(t)\,dt = \int_0^{3T_b} 1\,dt = 3T_b. \quad (11.6.21)$$

Das S/N-Verhältnis lässt sich damit bestimmen zu

$$\frac{E_s}{N_0} = \frac{3T_b}{T_b/10} = 30. \quad (11.6.22)$$

Gleichung (11.6.22) in (11.6.19) eingesetzt ergibt

$$P_s \approx \text{erfc}\left(\sqrt{30}\sin\left(\frac{\pi}{8}\right)\right) = \text{erfc}(2.096) \xrightarrow{\text{Tabelle}} 3 \cdot 10^{-3}, \quad (11.6.23)$$

bzw. für die Bitfehlerwahrscheinlichkeit

$$P_b = \frac{P_s}{3} = 10^{-3}. \quad (11.6.24)$$

b) Für die Bestimmung des E_b/N_0-Verlustes wird wieder Gleichung (11.6.19) verwendet:

$$P_s^{(16)} = \text{erfc}\left(\sqrt{\frac{E_s^{(16)}}{N_0}}\sin\left(\frac{\pi}{16}\right)\right) \stackrel{!}{=} 3 \cdot 10^{-3}. \quad (11.6.25)$$

Mit der Größe des Argumentes der erfc-Funktion aus Aufgabenteil a) ergibt sich

$$\sqrt{\frac{E_s^{(16)}}{N_0}} \cdot \sin\left(\frac{\pi}{16}\right) = 2.096$$

$$\frac{E_s^{(16)}}{N_0} = \frac{2.096^2}{\sin^2\left(\frac{\pi}{16}\right)} = 115.43 \quad (11.6.26)$$

Der E_b/N_0-Verlust von 16-PSK gegenüber 8-PSK berechnet sich hieraus wie folgt

$$\frac{E_b^{(16)}}{N_0} = \frac{1}{\text{ld}(16)} \cdot \frac{E_s^{(16)}}{N_0} = 28.85 \,\hat{=}\, 14.6\,\text{dB} \quad (11.6.27\text{a})$$

$$\frac{E_b^{(8)}}{N_0} = \frac{1}{\text{ld}(8)} \cdot \frac{E_s^{(8)}}{N_0} = 10.0 \,\hat{=}\, 10.0\,\text{dB} \quad (11.6.27\text{b})$$

$$\frac{E_b}{N_0} - \text{Verlust} = 4.6\,\text{dB} \quad . \quad (11.6.27\text{c})$$

Zum Erreichen der gleichen Symbolfehlerwahrscheinlichkeit muss für 16-PSK demnach mehr Sendeenergie pro Bit aufgewendet werden.

11.6.5 Bitfehlerwahrscheinlichkeit für MSK und DBPSK

a) Die Bitfehlerwahrscheinlichkeit für MSK ist identisch mit derjenigen bei Offset-QPSK-Übertragung, wenn Real- und Imaginärteil antipodale Signalformen besitzen. Dies gilt allerdings nur für den Fall *mit Vorcodierung*. Dies ist u.a. in [Kam08, S. 393] erläutert. Ohne Vorcodierung verdoppelt sich die Bitfehlerrate und es ergibt sich

$$P_b|_{\text{MSK}} = \text{erfc}\left(\sqrt{\frac{E_b}{N_0}}\right) \stackrel{!}{=} 2 \cdot 10^{-4} \quad (11.6.28\text{a})$$

$$\Rightarrow \sqrt{\frac{E_b}{N_0}} \approx 2.63 \quad (11.6.28\text{b})$$

$$\Rightarrow \frac{E_b}{N_0} = 6.92, \quad (11.6.28\text{c})$$

wobei Gleichung (11.6.28b) aus Abbildung 11.2.3 gewonnen werden kann. Für die Bitfehlerwahrscheinlichkeit bei einer DBPSK-Übertragung mit inkohärenter Demodulation ergibt sich nach Gleichung (11.4.47) in [Kam08, S. 390]

$$P_b|_{\text{DBPSK}}^{\text{inkoh.}} = \frac{1}{2} \cdot e^{-(E_b/N_0)} = \frac{1}{2} \cdot e^{-6.92} = 4.94 \cdot 10^{-4} \quad (11.6.29)$$

b) Um die Erhöhung des Signal-zu-Störverhältnisses zu berechnen, muss zunächst der benötigte E_b/N_0-Wert bestimmt werden.

$$P_b|_{\text{DBPSK}}^{\text{inkoh.}} = \frac{1}{2} \cdot e^{-(E_b/N_0)} \stackrel{!}{=} 2 \cdot 10^{-4} \quad (11.6.30\text{a})$$

$$\Rightarrow e^{(-E_b/N_0)} = 4 \cdot 10^{-4} \quad (11.6.30\text{b})$$

$$\Rightarrow \frac{E_b}{N_0} = -\ln(4 \cdot 10^{-4}) = 7.824 \quad (11.6.30\text{c})$$

Das Signal-zu-Störverhältnis muss um

$$10 \cdot \log_{10}\left(\frac{7.824}{6.92}\right) = 0.53\,\text{dB} \quad (11.6.31)$$

erhöht werden, um bei der DBPSK die gleiche Fehlerwahrscheinlichkeit zu erhalten.

Kapitel 12

Entzerrung

12.1 Symboltakt-Entzerrer

Für die Impulsantwort eines digitalen Übertragungssystems im Symboltakt gilt

$$h(i) = \delta(i) + \alpha \cdot \delta(i-1) \quad ; \quad \alpha \in \mathbb{R} \quad , \quad |\alpha| < 1. \tag{12.1.1}$$

Am Empfänger wird ein Symboltaktentzerrer mit der Impulsantwort

$$e(i) = \delta(i) - \alpha \cdot \delta(i-1) + \alpha^2 \cdot \delta(i-2) - \alpha^3 \cdot \delta(i-3) \tag{12.1.2}$$

eingesetzt. Dieser Entwurf entspricht einer sogenannten „Zero-Forcing"-Lösung. Die Zielsetzung eines Zero-Forcing-Entzerrers für ein von Intersymbolinterferenz und Rauschen gestörtes System besteht darin, die Interferenz unter Vernachlässigung des Rauschens vollständig zu unterdrücken.

a) Berechnen Sie die Gesamtimpulsantwort aus Symboltaktmodell und Entzerrer.

b) Stellen Sie das Pol-Nullstellen-Diagramm für die Gesamtanordnung dar.

c) Berechnen Sie für das Entzerrer-Ausgangssignal das S/I-Verhältnis (Signal-zu-Interferenz-Leistungsverhältnis) sowie den durch Intersymbolinterferenz entstehenden Maximalfehler bei zweistufiger Übertragung.

d) Erhöhen Sie die Ordnung des Entzerrers auf n, indem Sie den oben angegebenen Entwurf im Sinne einer „Zero-Forcing"-Lösung fortsetzen. Geben Sie das S/I-Verhältnis am Entzerrer-Ausgang in Abhängigkeit von α und der Entzerrerordnung n an.

12.2 Linearer Entzerrer

Gegeben ist das in Abbildung 12.2.1 dargestellte Modell eines Datenübertragungssystems.

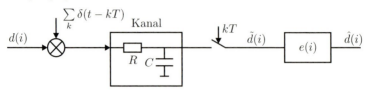

Abbildung 12.2.1: Entzerrung eines Tiefpasskanals

Die Daten seien bipolar, $d(i) \in \{\pm 1\}$. Der Kanal wird durch ein RC-Glied modelliert, wobei die Zeitkonstante, die die Entladekurve bzw. die Impulsantwort des RC-Gliedes bestimmt, $\tau = R \cdot C = T$ beträgt, also identisch mit dem Symboltakt ist.

a) Bestimmen Sie die Impulsantwort $h(i)$ des zeitdiskreten Symboltaktmodells des Kanals (*ohne* Entzerrer). Normieren Sie die abgetastete Impulsantwort so, dass sie zur Zeit $t = 0$ den Wert 1 annimmt.

b) Zeichnen Sie das Pol-Nullstellen-Diagramm des Symboltaktmodells.
Hinweis: $a^n \circ\!\!-\!\!\bullet \dfrac{z}{z-a}$ für $|z| > a$.

c) Berechnen Sie die relative vertikale Augenöffnung am Entzerrereingang
Hinweis: Das Entzerrereingangssignal lässt sich durch eine geometrische Reihe beschreiben.

d) Geben Sie die Koeffizienten eines linearen Entzerrers an, mit dem die Intersymbolinterferenz vollständig unterdrückt werden kann.
Hinweis: Bedenken Sie, dass die z-Transformierte in Aufgabenteil b) ein rekursives System beschreibt.

12.3 Entzerrer mit Einfach- und Doppelabtastung

Gegeben ist die Anordung eines Übertragungssystems in Abbildung 12.3.1.

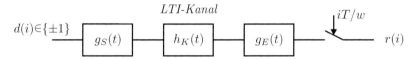

Abbildung 12.3.1: Frequenzselektives Übertragungssystem

Der Übertragungskanal weist die Impulsantwort

$$h_K(t) = \delta_0(t) + \delta_0(t - T/2) \qquad (12.3.1)$$

auf. Die Gesamtimpulsantwort von Sendefilter $g_S(t)$ und Empfangsfilter $g_E(t)$ ist ein Dreieckimpuls gemäß Abbildung 12.3.2.

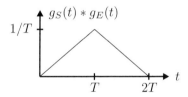

Abbildung 12.3.2: Gemeinsame Impulsantwort für Sende- und Empfangsfilter

a) Bestimmen Sie die Impulsantwort des Gesamtsystems

$$h_{i/2} = g_S(t) * h_K(t) * g_E(t) \big|_{t=i\frac{T}{2}} \qquad (12.3.2)$$

nach einer Abtastung am Empfangsfilterausgang im doppelten Symboltakt ($w = 2$).

b) Das Empfangssignal $r(i)$ wird durch einen Entzerrer mit Doppelabtastung ($T/2$-Entzerrer) korrigiert. Die Impulsantwort des $T/2$-Entzerrers lautet

$$\mathbf{e}_{T/2} = [\,0.75,\ -0.25\,]^T\ .$$

Geben Sie die Gesamtimpulsantwort am Ausgang des $T/2$-Entzerrers im doppelten Bittakt an.

c) Am Entzerrerausgang wird nun eine Abtastung im Symboltakt durchgeführt. Legen Sie die Abtastphase so fest, dass aus der Gesamtimpulsantwort aus Aufgabenteil b) ein verzerrungsfreies System hervorgeht. Muss k gerade oder ungerade gewählt werden?

d) Als Alternative wird ein Symboltakt-Entzerrer eingesetzt (T-Entzerrer). Hier erfolgt bereits am Ausgang des Empfangsfilters eine Abtastung im Symboltakt $1/T$ ($w = 1$). Geben Sie die Symboltakt-Impulsantwort des Übertragungssystems

$$h_i = g_S(t) * h_K(t) * g_E(t)|_{t=iT} \qquad (12.3.3)$$

an. Die Koeffizienten des T-Entzerrers lauten

$$\mathbf{e}_T = [\ -0.0008, \quad 0.0026, \quad 0.6658, \quad -0,1998\ ]^T\,.$$

Berechnen Sie die Gesamtimpulsantwort am Ausgang des T-Entzerrers.

12.4 Lineare und nichtlineare Entzerrung

Eine binäre Übertragung erfolgt mit einer Symbolrate $1/T$ über einen Zweiwegekanal mit der äquivalenten Tiefpassimpulsantwort

$$h_K(t) = \delta_0(t) + \delta_0(t - 3T/2)\,. \qquad (12.4.1)$$

Am Sender und Empfänger werden zur Impulsformung Wurzel-Kosinus-Rolloff-Filter mit Rolloff-Faktor $r = 1$ eingesetzt.

a) Bestimmen Sie die zeitdiskrete Impulsantwort $h(i)$ des Gesamtübertragungssystems bei Symboltaktabtastung am Empfänger.

   Hinweis: Fertigen Sie zur einfachen Lösung eine Skizze an.

b) Kann es am Empfänger zu Fehlentscheidungen aufgrund von Intersymbolinterferenz (ISI) kommen?

c) Im Hinblick auf eine ISI-freie Übertragung ist für den Empfänger ein linearer, nichtrekursiver Symboltaktentzerrer der Ordnung $n=1$ zu entwerfen. Der Entwurf soll im Sinne des Least-Squares-Kriteriums erfolgen. Wählen Sie für die Verzögerung am Entzerrerausgang $i_0 = 0$. Berechnen Sie die Entzerrerkoeffizienten sowie die Energie des verbleibenden Fehlers ($\mathbf{\Delta i}^H \mathbf{\Delta i}$).

d) Alternativ zur Symboltaktentzerrung kann ein Decision-Feedback-Entzerrer verwendet werden. Dimensionieren Sie diesen und zeichnen Sie das dazugehörige Blockschaltbild.

12.5 Entzerrung mit quantisierter Rückführung

Gegeben sei die Impulsantwort $h(i)$ des Symboltaktmodells einer Übertragungsstrecke

$$h(i) = \delta(i) - 0.6\delta(i-1) + 0.3\delta(i-2) - 0.05\delta(i-3) + 0.01\delta(i-4)\,. \quad (12.5.1)$$

a) Ein Entzerrer mit quantisierter Rückführung soll so entworfen werden, dass er nur die durch den Kanalkoeffizienten $h(1) = -0.6$ eingebrachte Intersymbolinterferenz beseitigt. Zeichnen Sie das Blockschaltbild des Entzerrers und geben Sie den Wert des Rückführkoeffizienten an.

b) Die Sendedaten $d(i) \in \{\pm 1\}$ seien unkorreliert und gleichverteilt. Bestimmen Sie für den unter a) festgelegten Entzerrer die mittlere Störleistung der Intersymbolinterferenz vor dem Entscheider. Nehmen Sie vereinfachend an, dass im „Gedächtnis" des Entzerrers stets nur richtig entschiedene Daten stehen.

c) Bis zum Zeitpunkt $i - 2$ seien alle Daten richtig entschieden worden. Das Datum $d(i-1)$ sei falsch entschieden worden. Bestimmen Sie die Wahrscheinlichkeit, mit der das Datum $d(i)$ dann ebenfalls falsch entschieden wird. Eine Rauschstörung soll bei dieser Betrachtung nicht berücksichtigt werden.

12.6 Datendetektion mittels Decision-Feedback-Entzerrung

Über eine Funkstrecke werden BPSK-modulierte Symbole $d(i) \in \{\pm 1\}$ übertragen. Nach Abtastung im Symboltakt liegt am Empfänger das zeitdiskrete Signal

$$x(i) = \{\ 0.8,\ -0.2,\ 0.6,\ -1.6,\ -3.2\ \}\ \text{für}\ i = 0, \cdots, 4 \qquad (12.6.1)$$

im äquivalenten Basisband vor. Gemäß der Abbildung 12.6.1 kann das Übertragungssystem durch einen zeitdiskreten Kanal mit der Impulsantwort

$$h(i) = 2\delta(i) + 1.1\delta(i-1) + 1.1\delta(i-2)$$

und additives weißes Rauschen $n(i)$ beschrieben werden.

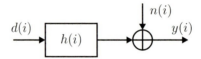

Abbildung 12.6.1: Frequenzselektives Übertragungssystem

a) Skizzieren und entwerfen Sie einen entscheidungsrückgekoppelten Entzerrer (Decision Feedback Equalizer, DFE) für das angegebene System.

b) Führen Sie mit dem in Aufgabenteil a) entworfenen Entzerrer eine Datendetektion durch, wobei zum Zeitpunkt $i = 0$ alle Speicherelemente des DFE den Wert -1 enthalten.

c) Wie groß ist die mittlere Rauschleistung σ_n^2 unter der Annahme, dass die in Aufgabenteil b) detektierte Datenfolge dem gesendeten Signal entspricht?

12.7 Tomlinson-Harashima-Vorcodierung

In Abbildung 12.7.1 ist ein allgemeines Symboltaktmodell für eine vorcodierte Übertragung über einen frequenz-selektiven Kanal $h(i)$ darge-

12.7 Tomlinson-Harashima-Vorcodierung

stellt. Mit der Vorcodierung möchte man die Entzerrung an den Sender verlagern, um dem Problem der Fehlerfortpflanzung zu entgehen.

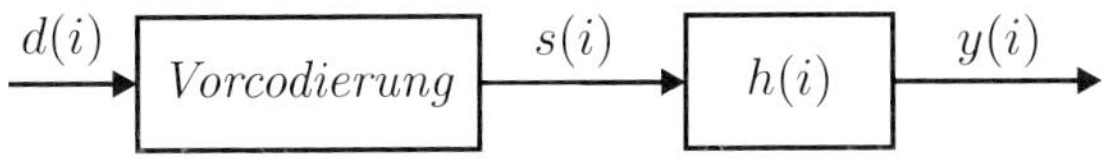

$$d(i) \rightarrow \boxed{Vorcodierung} \xrightarrow{s(i)} \boxed{h(i)} \xrightarrow{y(i)}$$

Abbildung 12.7.1: Symboltaktmodell für eine vorcodierte Übertragung

Datensymbole $d(i) \in \{\pm 1\}$ aus einem binären Signalalphabet $(M = 2)$ werden durch den Vorcodierungsblock in die übertragenen Symbolen $s(i)$ transformiert. Dieses Signal durchwandert den Kanal mit der Impulsantwort $h(i)$, so dass unter Vernachlässigung von Rauschen das Empfangssignal

$$y(i) = \sum_{\ell=0}^{L-1} h(\ell)s(i-\ell) \qquad (12.7.1)$$

vorliegt. Man fordert nun, dass das Empfangssignal dem ursprünglich gesendeten Datum $(y(i) = d(i))$ entspricht, woraus die lineare Vorcodierungsvorschrift

$$s_{\text{LV}}(i) = \frac{1}{h_0}\left(d(i) - \sum_{\ell=1}^{L-1} h(\ell)s_{\text{LV}}(i-\ell)\right) \qquad (12.7.2a)$$

folgt. Die Tomlinson-Harashima-Vorcodierung sieht zusätzlich eine Modulo-Operation $f_{\pm M}(x) = ((x+M))_{2M} - M$ vor

$$s_{\text{THV}}(i) = f_{\pm M}\left(\frac{1}{h_0}\left(d(i) - \sum_{\ell=1}^{L-1} h(\ell)s_{\text{THV}}(i-\ell)\right)\right). \qquad (12.7.2b)$$

Die Modulo-Operation ermöglicht eine Reduktion der Sendeleistung ohne Auswirkungen auf die Detektionsleistung. Nehmen Sie für die Kanalimpulsantwort

$$h(i) = 1 + 0.9\delta(i-1) \qquad (12.7.3)$$

an. Die Sendedaten seien $d(i) = \{1, -1, 1, 1, 1, -1, -1\}$.

a) Berechnen Sie die Sendeleistung für lineare und TH-Vorcodierung.

b) Berechnen Sie die Empfangsleistung für lineare und TH-Vorcodierung.

c) Vergleichen Sie Sende- und Empfangsleistungen für beide Fälle.

12.8 Lösungen

12.8.1 Symboltakt-Entzerrer

a) Die Gesamtimpulsantwort folgt aus der Faltung der Kanalimpulswort mit der Enzerrerimpulsantwort $g(i) = h(i) * e(i)$ zu

$$g(i) = \delta(i) - \alpha^4 \delta(i-4). \tag{12.8.1}$$

Durch den Entzerrer entsteht eine Gesamtimpulsantwort, die durch einen Impuls zur Zeit $k = 0$ charakterisiert ist, sowie von einem um vier Symboltakte verzögerten Impuls, der gewichtet ist mit einen sehr geringen Wert α^4. ISI wurde also verringert.

b) Die z-Transformierte der Gesamtimpulsantwort $g(i)$ ist

$$G(z) = 1 - \alpha^4 z^{-4}. \tag{12.8.2}$$

Um die Pol- und Nullstellen zu bestimmen, führt man eine Erweiterung der Polynome so durch, dass im Zähler- und Nennerpolynom nur positive Exponenten der Variablen z auftauchen

$$G(z) = \frac{z^4 - \alpha^4}{z^4}. \tag{12.8.3}$$

Für das Zählerpolynom folgt aus $z^4 - \alpha^4 = 0$, dass vier Nullstellen existieren

$$z_{0,\nu} = |\alpha| \cdot e^{j \cdot \frac{\pi}{2} \cdot \nu} \quad , \quad \nu = 0, \cdots, 3; \tag{12.8.4}$$

anhand des Nennerpolynoms ist eine vierfache Polstelle im Ursprung ersichtlich. Das Pol-Nullstellen-Diagramm ist in Abbildung 12.8.1 dargestellt.

c) Das Entzerrerausgangssignal sei $r(i) = d(i) * g(i)$ mit dem Datensignal $d(i) \in \{\pm 1\}$, so dass

$$r(i) = d(i) - \alpha^4 d(i-4). \tag{12.8.5}$$

Die Nutzleistung ist $S = \mathrm{E}\{|D(i)|^2\} = 1$, und die Störleistung $I = \mathrm{E}\{|-\alpha^4 D(i-4)|^2\} = \alpha^8$, so dass das S/I-Verhältnis gegeben ist durch

$$\frac{S}{I} = \frac{1}{\alpha^8}. \tag{12.8.6}$$

12.8 Lösungen

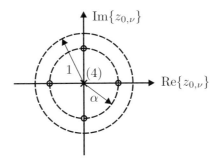

Abbildung 12.8.1: Pol-Nullstellen-Diagramm des Gesamtsystems

Der Maximalfehler wird ebenfalls von (12.8.5) abgeleitet und lautet

$$\max\{\Delta d(i)\} = \alpha^4. \qquad (12.8.7)$$

d) Die Impulsantwort des allgemeinen Entzerrers der Ordnung n lautet[1]

$$e(i) = \sum_{\ell=0}^{n}(-1)^{\ell}\alpha^{\ell}\delta(i-\ell), \qquad (12.8.8)$$

so dass für das entzerrte Signal gilt

$$g(i) = h(i) * e(i) = \delta(i) - (-1)^n \cdot \alpha^n \cdot \delta(i-n). \qquad (12.8.9)$$

Entsprechend gilt

$$\frac{S}{I} = \frac{1}{\alpha^{2n}}, \qquad (12.8.10a)$$
$$\max\{\Delta d(i)\} = \alpha^n. \qquad (12.8.10b)$$

12.8.2 Linearer Entzerrer

a) Die zeitkontinuierliche Impulsantwort des RC-Glieds ist

$$h_a(t) = \frac{1}{T} \cdot e^{-t/T}. \qquad (12.8.11)$$

---
[1] Dies folgt aus der Reihenentwicklung des Entzerrers $E(z) = 1/H(z)$, wobei $H(z)$ die z-Transformierte der Systemimpulsantwort ist.

Daraus folgt die zeitdiskrete Impulsantwort zu

$$h(i) = \frac{h_a(iT)}{h_a(0)} = e^{-i}. \qquad (12.8.12)$$

b) Mit Hilfe der gegebenen Korrespondenz folgt die z-Transformation zu

$$H(z) = Z\{h(i)\} = \frac{z}{z - 1/e}. \qquad (12.8.13)$$

Mit $1/e \approx 0.3679$ ergibt sich das Pol-Nullstellen-Diagramm in Abbildung 12.8.2.

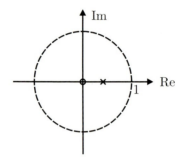

Abbildung 12.8.2: Pol-Nullstellen-Diagramm des Tiefpassfilters

c) Das Signal am Entzerrereingang lautet

$$\tilde{d}(i) = \sum_{\ell=0}^{\infty} h(\ell) d(i - \ell). \qquad (12.8.14)$$

Von der Faltungssumme wird das gewünschte Signal abgetrennt

$$\tilde{d}(i) = h(0) d(i) + \sum_{\ell=1}^{\infty} h(\ell) d(i - \ell). \qquad (12.8.15)$$

Der maximale Fehler entsteht z.B. dann, wenn $d(i) = 1$ gesendet wurde, während die störenden Daten $d(i) = -1$ für $i < k$ betragen. Für diesen Fall gilt

$$\tilde{d}(i) = d(i) - \sum_{\ell=1}^{\infty} h(l) = d(i) - \sum_{\ell=1}^{\infty} e^{-\ell}. \qquad (12.8.16)$$

Der maximale Fehler lautet demnach

$$\sum_{\ell=1}^{\infty} e^{-\ell} = \frac{1}{1-1/e} - 1 = \frac{1}{e-1} \approx \frac{1}{1.7} \approx 0.582.$$

Die minimale Augenöffnung beträgt somit $\alpha = 1 - 0.582 = 0.418$.

d) Ein linearer Entzerrer zur Unterdrückung der ISI folgt aus der Inversion der Kanalübertragungsfunktion

$$E(z) = \frac{1}{H(z)}, \qquad (12.8.17)$$

so dass gilt

$$E(z) = \frac{z - 1/e}{z} = 1 - \frac{1}{e} \cdot z^{-1}. \qquad (12.8.18)$$

Die Impulsantwort folgt einer FIR-Struktur und ist gegeben durch

$$e(i) = \delta(i) - \frac{1}{e}\delta(i-1). \qquad (12.8.19)$$

12.8.3 Entzerrer mit Einfach- und Doppelabtastung

a) Die zeitkontinuierliche Impulsantwort des Gesamtsystems lautet

$$h(t) = g_S(t) * h_K(t) * g_E(t). \qquad (12.8.20)$$

Die Abtastung im doppelten Symboltakt ergibt (vgl. Abbildung 12.8.3)

$$h_{i/2} = \{\ 0.5,\ 1.5,\ 1.5,\ 0.5\ \}. \qquad (12.8.21)$$

b) $T/2$ - Entzerrung: Gesamtimpulsantwort durch Faltung von $h_{i/2}$ mit $\mathbf{e}_{T/2}$: Es ergibt sich mit $h_{i/2} * e_{T/2}(i) =$

		0.75 ·	(0.5	1.5	1.5	0.5	)
+	−0.25	·	(	0.5	1.5	1.5	0.5)
			0.375	1.125	1.125	0.375	
	−			0.125	0.375	0.375	0.125
	=		0.375	1.0	0.75	0	−0.125

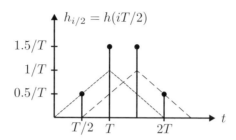

Abbildung 12.8.3: Konstruktion der abgetasteten Impulsantwort

c) Eine Abtastung mit geradem k ergibt die ideale Impulsantwort $[\ 1.0,\ 0\ ]^T$, so dass also insgesamt ein verzerrungsfreies System realisiert wird.

d) Die Gesamtimpulsantwort im Symboltakt lautet

$$h(i) = [\ 1.5,\ 0.5\ ]^T. \qquad (12.8.22)$$

Es ergibt sich für $h(i) * e(i)$

$$\begin{array}{ccccc}
-0.0012 & 0.0039 & 0.9987 & -0.2997 & \\
& -0.0004 & 0.0013 & 0.3329 & -0.0999 \\
\hline
[\ -0.0012 & 0.0035 & 1.0000 & 0.0332 & -0.0999\ ]^T
\end{array}$$

Im Gegensatz zum $T/2$-Entzerrer gelingt die ideale Entzerrung nicht, d.h. auch nach der Entzerrung verbleibt ISI im System.

12.8.4 Lineare und nichtlineare Entzerrung

a) Die gemeinsame Impulsantwort zweier Wurzel-Kosinus-Rolloff-Filter resultiert in einem Kosinus-Rolloff-Filter, dessen Impulsantwort in Gleichung (2.1.20) in [Kam08, S. 56] angegeben ist als

$$h_c(t) = 2f_N \frac{\sin \omega_N t}{\omega_N t} \frac{\cos \omega_N t}{1 - (4rf_N t)^2}. \qquad (12.8.23)$$

Für die zeitdiskrete Gesamtimpulsantwort gilt daher

$$h(i) = T \cdot g_S(t) * h_K(t) * g_E(t)\ \big|_{t=kT} = T \cdot h_c(t) * h_K(t)\ \big|_{t=iT}. \qquad (12.8.24)$$

12.8 Lösungen

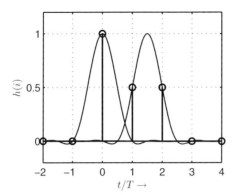

Abbildung 12.8.4: Zeitkontinuierliche und abgetastete Gesamtimpulsantwort

Die Impulsform eines Kosinus-Rolloff-Filters ist gekennzeichnet durch

- äquidistante Nullstellen bei $\pm \nu \cdot T$
- sowie

$$T \cdot h_c(\nu T/2) = \begin{cases} 1, & \text{für } \nu = 0 \\ 0.5, & \text{für } \nu = \pm 1 \\ 0, & \text{sonst.} \end{cases}$$

Aus diesen Eigenschaften (vgl. Abbildung 12.8.4) folgt die abgetastete Impulsantwort

$$h(i) = \delta(i) + 0.5\delta(i-1) + 0.5\delta(i-2). \quad (12.8.25)$$

b) Fehlentscheidungen sind möglich. Betrachten Sie dazu das Empfangssignal $r(i) = h(i) * d(i) + n(i)$ in der Form

$$r(i) = d(i) + 0.5d(i-1) + 0.5d(i-2) + n(i), \quad (12.8.26)$$

wobei $n(i)$ additives Rauschen sei. Wenn das aktuelle Symbol $d(i) = 1$ ist, während die Vorgängersymbole $d(i-1) = d(i-2) = -1$ waren, dann führt diese Intersymbolinterferenz zu einer Auslöschung des aktuell gesendeten Symbols. Für diesen Fall kann Rauschen zu einer unkorrekten Datenentscheidung führen.

c) Um die Entzerrerkoeffizienten und die Restfehlerenergie zu bestimmen, werden zunächst folgende Vektoren definiert (vgl. S. 414ff in [Kam08]).

$$\mathbf{h} = [1,\, 0.5,\, 0.5]^T \quad,\text{ siehe Aufgabenteil a)}$$
$$\mathbf{i} = [1,\, 0,\, 0,\, 0]^T \quad,\text{ da } i_0 = 0,\text{ siehe Aufgabentext}$$
$$\mathbf{e} = [e_0,\, e_1]^T \quad,\text{ da Ordnung } n = 1.$$

Die Entzerrerkoeffizienten folgen aus der Lösung des Gleichungssystems nach Gleichung (12.2.7) in [Kam08] im Sinne kleinster Fehlerquadrate (Least-Squares).

$$\begin{bmatrix} 1 & 0 \\ 1/2 & 1 \\ 1/2 & 1/2 \\ 0 & 1/2 \end{bmatrix} \cdot \begin{bmatrix} e_0 \\ e_1 \end{bmatrix} = \begin{bmatrix} 1 \\ 0 \\ 0 \\ 0 \end{bmatrix} + \begin{bmatrix} \Delta i_0 \\ \Delta i_1 \\ \Delta i_2 \\ \Delta i_3 \end{bmatrix} \qquad (12.8.27)$$

Die Lösung und der gesuchte Entzerrer entsprechend Gleichung (12.2.13) in [Kam08] ist durch die Pseudoinverse von $\mathbf{H}$ gegeben. Die Pseudoinverse wird üblicherweise mit $\mathbf{H}^+$ gekennzeichnet. Durch den Vektor $\mathbf{i}$ bzw. die Verzögerung i_0 wird bestimmt, welche Spalte der Pseudoinversen zur Entzerrung verwendet wird.

$$\mathbf{e} = \left(\mathbf{H}^H \mathbf{H}\right)^{-1} \mathbf{H}^H \mathbf{i} = \mathbf{H}^+ \mathbf{i} \qquad (12.8.28)$$

$$\mathbf{A} = \mathbf{H}^H \mathbf{H} = \begin{bmatrix} 1 & 1/2 & 1/2 & 0 \\ 0 & 1 & 1/2 & 1/2 \end{bmatrix} \begin{bmatrix} 1 & 0 \\ 1/2 & 1 \\ 1/2 & 1/2 \\ 0 & 1/2 \end{bmatrix}$$

$$= \begin{bmatrix} 3/2 & 3/4 \\ 3/4 & 3/2 \end{bmatrix} ;\quad \mathbf{b} = \mathbf{H}^T \mathbf{d} = \begin{bmatrix} 1 \\ 0 \end{bmatrix} ;$$

$$\mathbf{A}\mathbf{e} = \mathbf{b} \quad\Rightarrow\quad \begin{bmatrix} 3/2 & 3/4 \\ 3/4 & 3/2 \end{bmatrix} \cdot \begin{bmatrix} e_0 \\ e_1 \end{bmatrix} = \begin{bmatrix} 1 \\ 0 \end{bmatrix}$$

12.8 Lösungen

Die Lösung dieses Gleichungssystems liefert den gesuchten Koeffizientenvektor für den Entzerrer

$$\mathbf{e} = [\,8/9,\ -4/9\,]^T\,. \tag{12.8.29}$$

Der verbleibende Restfehler nach Gleichung (12.2.14) in [Kam08] lautet

$$\min\{\Delta\mathbf{i}^H \Delta\mathbf{i}\} = 1 - \mathbf{i}^H\,\mathbf{H}\,\mathbf{e} = 1 - [\,1,\,0\,] \cdot \begin{bmatrix} 8/9 \\ -4/9 \end{bmatrix} = 1/9\,. \tag{12.8.30}$$

d) Ein Decision-Feedback-Entzerrer basiert auf der Umformung der Systemgleichung (12.8.26), die das Empfangssignal beschreibt, nach dem zu detektierenden Symbol $d(i)$. Mit den Koeffizienten

$$\begin{aligned} b_0 &= 1/h_0 &&= 1\,, \\ b_1 &= h_1/h_0 &&= 1/2\,, \\ b_2 &= h_2/h_0 &&= 1/2\,. \end{aligned}$$

ergibt sich die gesuchte Entzerrer-Struktur in Abbildung 12.8.5.

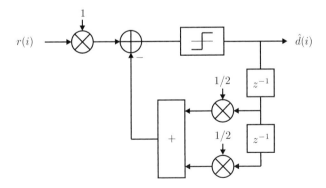

Abbildung 12.8.5: Alternativer Entzerrer: Decision-Feedback-Struktur

12.8.5 Entzerrung mit quantisierter Rückführung

a) Der Rückführkoeffizient lautet $b_1 = \frac{h_1}{h_0} = -0.6$ (vgl. Abbildung 12.8.6).

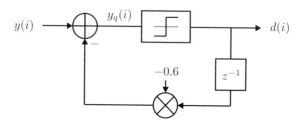

Abbildung 12.8.6: DFE-Blockschaltbild

b) Da keine Fehlentscheidungen berücksichtigt werden sollen und somit der Decision-Feedback-Entzerrer die Wirkung des Koeffizienten h_1 der Impulsantwort $h(i)$ ideal rückgängig macht, verbleibt im Signal $y_q(i)$ vor dem Entscheider lediglich ISI, die durch $h_2, \cdots h_4$ eingebracht wird. Dann folgt für die mittlere Störleistung

$$\sigma_{\text{ISI}}^2 = \sigma_D^2 \sum_{\nu=2}^{4} |h_\nu|^2 = 0.3^2 + 0.05^2 + 0.01^2 = 0.0926. \quad (12.8.31)$$

c) Das Signal am Entscheidereingang lautet

$$y_q(i) = \sum_{\nu=0}^{4} h_\nu d(i-\nu) - h_1 \hat{d}(i-1). \quad (12.8.32)$$

Die Fehlentscheidung zur Zeit $i-1$ bedeutet, dass $\hat{d}(i-1) = -d(i-1)$. Daher folgt für das Entscheidereingangssignal

$$y_q(i) = h_0 d(i) + 2h_1 d(i-1) + \sum_{\nu=2}^{4} h_\nu \, d(i-\nu) = d(i) + u(i) \quad (12.8.33)$$

mit $u(i) = -1.2d(i-1) + 0.3d(i-2) - 0.05d(i-3) + 0.01d(i-4)$. Da eine Rauschstörung nicht vorhanden sein soll, ist eine Fehlentscheidung nur möglich, wenn $u(i)$ ein entgegengesetztes Vorzeichen

zu $d(i)$ hat. Aufgrund der Zahlenwerte ist dies nur dann möglich, wenn $d(i)$ und $d(i-1)$ identisch sind. Dies stellt nur eine notwendige, aber nicht hinreichende Bedingung für eine Fehlentscheidung dar.
Im Folgenden wird davon ausgegangen, dass das eben geforderte Ereignis $d(i) = d(i-1)$ bereits eingetreten sei. Dann gilt

$$y_q(i) = -0.2\underbrace{d(i-1)}_{=d(i)} + \underbrace{0.3\,d(i-2) - 0.05\,d(i-3) + 0.01\,d(i-4)}_{=:\,v(i)}$$
(12.8.34)

Ein Entscheidungsfehler kann noch „verhindert" werden, wenn $d(i-2) = d(i-1)$ erfüllt wird. Die beiden Koeffizienten $h_3 = -0.05$ und $h_4 = 0.01$ sind so klein, dass sie die Datenentscheidung nicht weiter beeinflussen können. Unter den festgelegten Anfangsbedingungen kommt es insgesamt zu einer Fehlentscheidung für das Datum $d(i)$, wenn $d(i) = d(i-1)$ und $d(i-1) \neq d(i-2)$ gelten.
Die Wahrscheinlichkeit für einen Entscheidungsfehler beträgt somit bei statistisch unabhängigen Sendedaten

$$P_s = 0.5 \cdot 0.5 = 0.25\,.$$
(12.8.35)

12.8.6 Datendetektion mittels Decision-Feedback-Entzerrung

a) Die DFE-Koeffizienten des DFEs in Abbildung 12.8.7 betragen

$$b_0 = 1/h_0 = 0.5\,,$$
(12.8.36a)
$$b_1 = h_1/h_0 = 0.55\,,$$
(12.8.36b)
$$b_2 = h_2/h_0 = 0.55\,.$$
(12.8.36c)

b) Die Detektion wird schrittweise mittels Tabelle 12.8.1 nachvollzogen.

c) Unter der Annahme einer fehlerfreien Detektion lässt sich die Rauschrealisierung berechnen, indem vom Empfangssignal $y(i)$ der datenbehaftete Anteil $d(i) * h(i)$ abgezogen wird

$$n(i) = y(i) - h_0 d(i) - h_1 d(i-1) - h_2 d(i-2)\,.$$
(12.8.37)

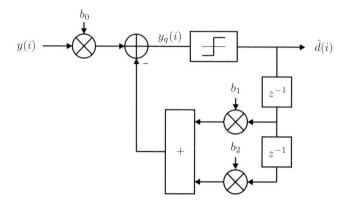

Abbildung 12.8.7: DFE-Blockschaltbild

i	$\hat{d}(i-2)$	$\hat{d}(i-1)$	$y(i)$	$y_Q(i)$	$\hat{d}(i)$
0	-1	-1	$+0.8$	$+1.5$	$+1$
1	-1	$+1$	-0.2	-0.1	-1
2	$+1$	-1	$+0.6$	$+0.3$	$+1$
3	-1	$+1$	-1.6	-0.8	-1
4	$+1$	-1	-3.2	-1.6	-1

Tabelle 12.8.1: Ergebnis der Datendetektion mittels DFE

Die Rauschgrößen sind in Tabelle 12.8.2 berechnet. Damit folgt die Rauschleistung durch die Mittelung der Betragsquadrate

$$\sigma_n^2 = \mathrm{E}\{|n(i)|^2\} = \frac{1}{5} \sum_{i=0}^{4} |n(i)|^2$$
$$= \frac{1 + 1.8^2 + 1.4^2 + 0.4^2 + 1.2^2}{5} = 1.56 \, . \qquad (12.8.38)$$

i	$d(i)$	$d(i-1)$	$d(i-2)$	$x(i)$	$n(i)$
0	+1	−1	−1	+0.8	1
1	−1	+1	−1	−0.2	1.8
2	+1	−1	+1	+0.6	−1.4
3	−1	+1	−1	−1.6	−0.4
4	−1	−1	+1	−3.2	−1.2

Tabelle 12.8.2: Ermittlung der Rauschgrößen

12.8.7 Tomlinson-Harashima-Vorcodierung

a) Man berechnet zunächst das vorcodierte Signal mittels

$$s_{\text{LV}}(i) = d(i) - 0.9 s_{\text{LV}}(i-1) \tag{12.8.39a}$$

Die Sendeleistung für lineare Vorcodierung lautet dann

i	0	1	2	3	4	5
$d(i)$	1	−1	1	1	−1	1
$s_{\text{LV}}(i)$	1	−1.9	2.71	−1.44	0.3	0.73

Tabelle 12.8.3: Berechnung des linear vorcodierten Signals

$$\sigma_{tx,\text{LV}}^2 = \frac{1}{6} \sum_{i=0}^{5} |s_{\text{LV}}(i)|^2 = 2.44 \, . \tag{12.8.39b}$$

Die TH-Vorcodierung erfolgt nach

$$s_{\text{THV}}(i) = f_{\pm 1}\big(d(i) - 0.9 s_{\text{THV}}(i-1)\big) \tag{12.8.40a}$$

Für die Sendeleistung für TH-Vorcodierung folgt

$$\sigma_{tx,\text{THV}}^2 = \frac{1}{6} \sum_{i=0}^{5} |s_{\text{THV}}(i)|^2 = 1.71 \, . \tag{12.8.40b}$$

i	0	1	2	3	4	5
$s_{\text{THV}}(i)$	1	-1.9	-1.29	-1.84	0.66	0.41

Tabelle 12.8.4: Berechnung des TH-vorcodierten Signals

b) Wegen $y(i) = d(i)$ entspricht die Empfangsleistung bei linearer Vorcodierung der Leistung der Datensymbole

$$\sigma^2_{rx,\text{LV}} = \text{E}\{|y(i)|^2\} = \text{E}\{|d(i)|^2\} = 1. \tag{12.8.41}$$

Das vorcodierte Signal $s_{\text{THV}}(i)$ passiert den Kanal $h(i)$. Das Empfangssignal lautet

$$y_{\text{THV}}(i) = s_{\text{THV}}(i) + 0.9 s_{\text{THV}}(i-1). \tag{12.8.42}$$

Die Empfangsleistung bei TH-Vorcodierung lautet demnach

i	0	1	2	3	4	5
$y_{\text{THV}}(i)$	1	-1	-3	-3	-1	1

Tabelle 12.8.5: Berechnung des Empfangssignals unter TH-Vorcodierung

$$\sigma^2_{rx,\text{THV}} = \frac{1}{6} \sum_{i=0}^{5} |y_{rx,\text{THV}}(i)|^2 = 3.667. \tag{12.8.43}$$

c) Die Sendeleistung bei linearer Vorcodierung ist größer als bei TH-Vorcodierung. Umgekehrt ist die Empfangsleistung bei linearer Vorcodierung kleiner als bei TH-Vorcodierung.
Im gegebenen Fall eines Kanals erster Ordnung wird die Sendeleistung bei linearer Vorcodierung umso größer, je dichter die Nullstelle des Kanals an den Einheitskreis rückt, so dass das inverse System eine entsprechend lange Kanalimpulsantwort großer Leistung aufweist. Die Modulo-Operation bei TH-Vorcodierung sorgt hier für eine Amplituden- und damit Leistungsreduktion.
Die Empfangsleistung bei perfekter Kanalkenntnis entspricht immer der Leistung der uncodierten Datensymbole $d(i)$, die

12.8 Lösungen

üblicherweise auf 1 normiert ist. Die Modulo-Operation der TH-Vorcodierung dagegen kann formal durch eine Addition eines Korrekturterms $z(i)$ ersetzt werden, so dass das Sendesignal dann lautet

$$s_{\text{THV}}(i) = f_{\pm M}\left(d(i) - \sum_{\ell=1}^{L-1} h(\ell) s_{\text{THV}}(i-\ell)\right) \quad (12.8.44\text{a})$$

$$= d(i) - \sum_{\ell=1}^{L-1} h(\ell) s_{\text{THV}}(i-\ell) + 2Mz(i) \quad (12.8.44\text{b})$$

Die TH-Vorcodierung entspricht damit einer linearen Vorcodierung des Signals $d(i) + 2Mz(i)$. Nachdem der Kanal passiert wurde, liegt das Empfangssignal $y_{\text{THV}}(i) = h(i) * s_{\text{THV}}(i) = d(i) + 2Mz(i)$ vor. Somit ist die Empfangsleistung also erhöht durch den Interferenzterm $2Mz(i)$. Man erkauft sich die Reduktion der Sendeleistung mittels THV durch eine Erhöhung der Empfangsleistung. In der Praxis bedeutet dies eine erhöhte Signaldynamik und höhere Anforderungen an den A/D-Wandler.

Kapitel 13

Maximum-Likelihood-Schätzung von Datenfolgen

13.1 Viterbi-Detektion eines BPSK-Signals

Eine Datensequenz $d(i) \in \{-1, 1\}$ wird BPSK moduliert (Symboldauer T) und über einen Mehrwegekanal übertragen. Bei Sende- und Empfangsfilter handelt es sich um Matched-Filter, die zusammen die 1. Nyquistbedingung erfüllen. Die Impulsantwort des Kanals sei bekannt

$$h(i) = \delta(i) + \delta(i-1) + 0.5\delta(i-2) \,. \qquad (13.1.1)$$

Die Daten werden blockweise übertragen, wobei ein Block aus 4 Datenbits und 2 Tailbits besteht. Die beiden Tailbits haben den Wert -1. Im Empfänger sollen die gesendeten Daten mit Hilfe einer Sequenzschätzung (Maximum Likelihood Sequence Estimation, MLSE) detektiert werden.

a) Skizzieren Sie das zugehörige Trellisdiagramm.

b) Es liegt am Empfangsfilterausgang nach der Abtastung die Sequenz

$$y(i) = \{\ 1.5,\ -0.5,\ -1.5,\ 2.5,\ -2.5,\ 0.5\ \} \quad \text{für } i = 0, \cdots, 5$$

an. Führen Sie eine MLSE mit Hilfe des in a) erzeugten Trellisdiagramms durch und tragen Sie den zugehörigen Pfad dort ein.

c) Geben Sie die damit detektierte Datensequenz für $i = 0, \cdots, 3$ an.

13.2 Fehler-Vektoren bei der Viterbi-Detektion

Ein Partial-Response-Signal, dem die Koeffizienten $\alpha_\nu = \{1, 2, 1\}$ zugrundeliegen, wird nach der Übertragung über einen AWGN-Kanal am Empfänger mit Hilfe eines Viterbi-Detektors decodiert. Am Viterbi-Ausgang werden zwei Typen von Fehlersequenzen festgestellt

$$\mathbf{e}^{(1)} = [1, -1, 0]^T, \quad (13.2.1\text{a})$$
$$\mathbf{e}^{(2)} = [1, -1, 1]^T. \quad (13.2.1\text{b})$$

a) Bestimmen Sie die (3x3)-Autokorrelationsmatrizen $\mathbf{R}_{ee}^{E(1)}$ und $\mathbf{R}_{ee}^{E(2)}$ der beiden Fehlervektoren.

Hinweis: Bestimmen Sie zunächst die Werte der AKF $r_{ee}^E(\lambda)$ für die Verzögerungen $\lambda = 0, 1, 2$ und bilden Sie daraus die AKF-Matrix.

b) Berechnen Sie die S/N-Verlustfaktoren γ^2 für diese beiden Fehlerereignisse. Benutzen Sie dazu die folgende Gleichung (13.3.20) aus [Kam08, S. 504]

$$\gamma^2(\mathbf{e}) = \mathbf{e}^H \mathbf{H}^H \mathbf{H} \mathbf{e} = \mathbf{h}^H \mathbf{R}_{ee}^E \mathbf{h}. \quad (13.2.2)$$

Für die Impulsantwort $h(i)$ sind dabei die auf Einheitsleistung normierten Partial-Response-Koeffizienten einzusetzen.

13.3 S/N-Verlust bei der Viterbi-Detektion

Ein linear moduliertes Signal wird durch einen frequenzselektiven Mehrwegekanal verzerrt. Um nach der Abtastung im Symboltakt die ursprünglich gesendete Symbolfolge am Empfänger zu rekonstruieren, wird der Viterbi-Algorithmus angewendet. Das entsprechende Trellisdiagramm ist in Abbildung 13.3.1 dargestellt.

a) Lesen Sie aus dem Trellisdiagramm ab, welche lineare Modulationsform am Sender verwendet wurde und wie viele Symboltakte das

13.4 Trellisdiagramm für DBPSK

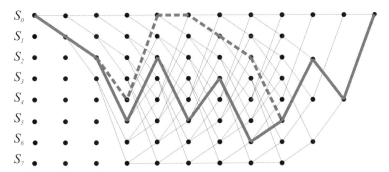

Abbildung 13.3.1: Trellis mit acht Zuständen und zwei Übergängen pro Zustand

Kanalgedächtnis beinhaltet. Ordnen Sie jedem Zustand $S_0, \cdots, S_7$ des Trellisdiagramms einen geeigneten Kanalgedächtnisinhalt entsprechend dem Modulationsalphabet zu.

b) Bestimmen Sie die Symbolfolge $d(i)$, die der durchgezogenen Linie in Abbildung 13.3.1 entspricht.

c) Die gestrichelte Linie in Abbildung 13.3.1 entspricht einem Fehlerereignis. Bestimmen Sie den Fehlervektor **e** und bestimmen Sie für dieses Fehlerereignis und einem Kanal, für den sich das Produkt der Faltungsmatrizen zu

$$\mathbf{H}^H \mathbf{H} = \begin{bmatrix} 1 & 0 & -0.7 \\ 0 & 1 & 0 \\ -0.7 & 0 & 1 \end{bmatrix} \quad (13.3.1)$$

ergibt, den entsprechenden S/N-Velustfaktor $\gamma^2(\mathbf{e}) = \mathbf{e}^H \mathbf{H}^H \mathbf{H} \mathbf{e}$.

13.4 Trellisdiagramm für DBPSK

Ein DBPSK-Modulator wird durch die Phasenbeziehung

$$\varphi(i) = \varphi(i-1) + \Delta\varphi(i) \quad \text{mit} \quad \Delta\varphi(i) \in \{\, 0,\, \pi \,\} \quad (13.4.1)$$

festgelegt. Er ist demgemäß als ein System mit zwei Zuständen zu beschreiben. Folglich besteht als Alternative zur differentiellen Demodulation die Möglichkeit, den Viterbi-Algorithmus anzuwenden.

a) Zeichnen Sie ein Zustandsübergangsdiagramm für den DBPSK-Modulator.

b) Geben Sie ein Trellis-Diagramm für den Zeitausschnitt $i = 0, \cdots, 5$ an.

c) Tragen Sie den zu den informationstragenden Differenzphasen

$$\Delta\varphi(i)\Big|_{i=1,\dots,5} = [\,0\,,\,0\,,\,\pi\,,\,0\,,\,\pi\,]$$

gehörenden Pfad in das Trellis-Diagramm von Aufgabenteil b) ein, wobei die Anfangsphase $\varphi(0) = 0$ gesetzt wird.

13.5 Lösungen

13.5.1 Viterbi-Detektion eines BPSK-Signals

a) Der Kanal hat die Ordnung und Gedächtnislänge $\ell - 1 = 2$. Das Modulationsalphabet kann zwei Werte annehmen, daher $M = 2$. Der Kanal kann damit $M^{\ell-1} = 4$ Zustände annehmen. Der ν-te Zustand wird notiert in der Form

$$S_\nu = \{\,d(i-1),\ d(i-2)\,\}\,, \qquad (13.5.1)$$

so dass die vier Zustände gegeben sind durch $S_0 = \{-1, -1\}$, $S_1 = \{-1, +1\}$, $S_2 = \{+1, -1\}$ und $S_3 = \{+1, +1\}$. Ein einziges Trellissegment beschreibt die Übergänge zwischen den Zuständen durch die Hypothese $d(i)$ (vgl. Abbildung 13.5.1).

b) In Tabelle 13.5.1 sind die Teilpfadkosten aufgeführt. Zunächst werden die möglichen Signalniveaus in der ersten Spalte bestimmt. Beispielsweise bezeichnet $z_{0,-1}$ das Signalniveau für den Zustand S_0 und die Hypothese $d(i) = -1$. Für diesen Fall würde das unverrauschte Empfangssignal $y(i) = z_{0,-1} = -2.5$ betragen. Die

13.5 Lösungen

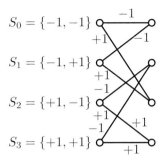

Abbildung 13.5.1: Trellissegment für einen Kanal 2. Ordnung und BPSK

Teilpfadkosten sind durch die Euklidische Distanz zum Empfangssignal bestimmt. Beispielsweise wird zur Zeit $i = 0$ der Wert $y(0) = 1.5$ empfangen, so dass die Distanz zur Hypothese $z_{0,-1}$ eben $|y(0) - z_{0,-1}|^2 = 4^2 = 16$ ergibt. Analog ergeben sich die verbleibenden Tabelleneinträge.

Der Viterbi-Algorithmus akkumuliert schrittweise die gerade bestimmten Teilpfadkosten in einem Trellisdiagramm. Ein solches Trellisdiagramm für die komplette Sequenz ist in Abbildung 13.5.2 dargestellt. Die eintreffenden akkumulierten Pfadkosten an jedem Zustandsknoten werden verglichen und nur der Pfad mit geringeren Pfadkosten wird fortgesetzt; der alternative Pfad wird nicht weiterverfolgt, da es aufgrund positiver Metrikinkremente unmöglich ist, dass seine Pfadkosten im weiteren Verlauf geringer als der überlebende Pfad werden können.

c) Der Pfad geringster Distanz zum Empfangssignal ist als fette Linie in Abbildung 13.5.2 markiert. Die Rückverfolgung dieses Pfades ergibt die detektierte Sequenz

$$\hat{d}(i) = \{\ 1,\ -1,\ -1,\ 1\ \}. \tag{13.5.2}$$

	1.5	-0.5	-1.5	2.5	-2.5	0.5
$z_{0,-1} = -2.5$	16	4	1	25	0	9
$z_{0,1} = -0.5$	4	0	1	9		
$z_{1,-1} = -1.5$			0	16	1	4
$z_{1,1} = 0.5$			4	4		
$z_{2,-1} = -0.5$		0	1	9	4	
$z_{2,1} = 1.5$		4	9	1		
$z_{3,-1} = 0.5$			4	4	9	
$z_{3,1} = 2.5$			16	0		

Tabelle 13.5.1: Tabelle mit den Teilpfadkosten

13.5.2 Fehler-Vektoren bei der Viterbi-Detektion

a) Die Berechnung der AKF erfolgt nach $r_{ee}^E(\lambda) = \sum_{\nu=0}^{L_e-1} e_\nu^* e_{\nu+\lambda}$. Für den ersten Fehlervektor gilt

$$r_{ee}^E(0) = 2, \quad r_{ee}^E(1) = -1, \quad r_{ee}^E(2) = 0, \tag{13.5.3a}$$

so dass für die korrespondierende AKF-Matrix gilt

$$\mathbf{R}_{ee}^{E(1)} = \begin{bmatrix} 2 & -1 & 0 \\ -1 & 2 & -1 \\ 0 & -1 & 2 \end{bmatrix}. \tag{13.5.3b}$$

Entsprechend folgt für den zweiten Fehlervektor

$$r_{ee}^E(0) = 3, \quad r_{ee}^E(1) = -2, \quad r_{ee}^E(2) = 1, \tag{13.5.4a}$$

so dass die AKF-Matrix für dieses Fall lautet

$$\mathbf{R}_{ee}^{E(2)} = \begin{bmatrix} 3 & -2 & 1 \\ -2 & 3 & -2 \\ 1 & -2 & 3 \end{bmatrix}. \tag{13.5.4b}$$

13.5 Lösungen

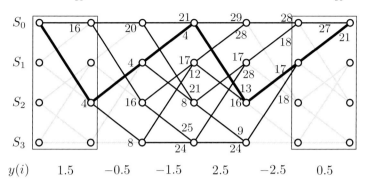

Abbildung 13.5.2: Komplettes Trellissegment; die Zahlen markieren die akkumulierten Pfadkosten; die fette Linie markiert den Maximum-Likelihood-Pfad geringster Distanz

b) Der S/N-Verlust für einen bestimmten Fehlervektor $\mathbf{e}$ ist gegeben durch

$$\gamma^2(\mathbf{e}) = \mathbf{h}^H \mathbf{R}_{ee}^E \mathbf{h} \,. \qquad (13.5.5)$$

Die auf Einheitsleistung normierte Kanalimpulsantwort lautet

$$\mathbf{h} = \frac{1}{\sqrt{6}}[\, 1,\, 2,\, 1\,]^T \,. \qquad (13.5.6)$$

Der S/N-Verlust aufgrund des ersten Fehlervektors ist

$$\gamma^2(\mathbf{e}_1) = \frac{1}{6}[\, 1,\, 2,\, 1\,] \cdot \begin{bmatrix} 2 & -1 & 0 \\ -1 & 2 & -1 \\ 0 & -1 & 2 \end{bmatrix} \cdot \begin{bmatrix} 1 \\ 2 \\ 1 \end{bmatrix} = \frac{2}{3}, \qquad (13.5.7)$$

der aufgrund des zweiten Fehlervektors

$$\gamma^2(\mathbf{e}_2) = \frac{1}{6}[\, 1,\, 2,\, 1\,] \cdot \begin{bmatrix} 3 & -2 & 1 \\ -2 & 3 & -2 \\ 1 & -2 & 3 \end{bmatrix} \cdot \begin{bmatrix} 1 \\ 2 \\ 1 \end{bmatrix} = \frac{2}{3} \,. \qquad (13.5.8)$$

13.5.3 S/N-Verlust bei der Viterbi-Detektion

a) Dem gegebenen Trellis kann man acht Zustände und zwei Übergänge pro Zustand entnehmen; zwei Übergänge pro Zustände bedeuten, dass das Sendealphabet aus zwei Symbolen besteht. Im Folgenden nehmen wir BPSK an.
Die Anzahl der Zustände ist über die Kardinalität des Sendealphabets, $M = 2$, mit der Kanalordnung $\ell - 1$ verknüpft, $M^{\ell-1} = 8$, so dass man auf eine Kanalordnung von $\ell - 1 = 3$ schliessen kann. Eine mögliche Zustandsdefinition ist daher

$$S_0 = \{-1, -1, -1\}, \tag{13.5.9a}$$
$$S_1 = \{-1, -1, +1\}, \tag{13.5.9b}$$
$$S_2 = \{-1, +1, -1\}, \tag{13.5.9c}$$
$$S_3 = \{-1, +1, +1\}, \tag{13.5.9d}$$
$$S_4 = \{+1, -1, -1\}, \tag{13.5.9e}$$
$$S_5 = \{+1, -1, +1\}, \tag{13.5.9f}$$
$$S_6 = \{+1, +1, -1\}, \tag{13.5.9g}$$
$$S_7 = \{+1, +1, +1\}. \tag{13.5.9h}$$

b) Die gewählte Zustandsdefinition führt zu der detektierten Datenfolge

$$d(i) = \{\ +1,\ -1,\ +1,\ -1,\ +1,\ +1,\ -1,\ +1,\ -1,\ -1,\ -1\ \}, \tag{13.5.10}$$

indem der Pfad mit den geringsten Kosten (der Maximum-Likelihood-Pfad) zurückverfolgt wird (*backtracking*).

c) Die Datenfolge, die mit dem gestrichelten Pfad korrespondiert, lautet

$$f(i) = \{\ +1,\ -1,\ -1,\ -1,\ -1,\ +1,\ -1,\ +1,\ -1,\ -1,\ -1\ \}. \tag{13.5.11}$$

Mit der Definition der einzelnen Koeffizienten

$$e(i) = \frac{d(i) - f(i)}{2} \tag{13.5.12}$$

folgt der Fehlervektor zu

$$\mathbf{e} = [\ 1,\ 0,\ 1\ ]^T. \tag{13.5.13}$$

Der S/N-Verlust aufgrund dieses Fehlervektors wiederum ist

$$\gamma^2(\mathbf{e}) = \mathbf{e}^H \mathbf{H}^H \mathbf{H} \mathbf{e} = 0.6 \,. \tag{13.5.14}$$

13.5.4 Trellisdiagramm für DBPSK

a) Es existieren zwei Zustände

$$S_0 = \{0\}\,, \tag{13.5.15a}$$
$$S_1 = \{\pi\}\,. \tag{13.5.15b}$$

Wenn die Differenzphase $\Delta\varphi(i) = 0$ gesendet wird, verbleibt man im aktuellen Zustand. Wenn die Differenzphase $\Delta\varphi(i) = \pi$ gesendet wird, findet ein Zustandswechsel statt. Das Zustandsübergangsdiagramm ist in Abbildung 13.5.3 illustriert.

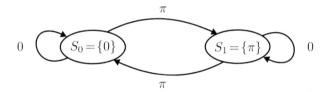

Abbildung 13.5.3: Zustandsübergangsdiagramm für DBPSK

b) Das Trellisdiagramm ist in Abbildung 13.5.4 dargestellt.

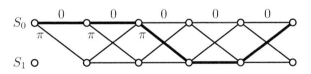

Abbildung 13.5.4: Trellisdiagramm für DBPSK

c) Der zu den informationstragenden Differenzphasen zugehörige Pfad ist in Abbildung 13.5.4 aus Aufgabenteil b) eingezeichnet.

Kapitel 14

Kanalschätzung

14.1 Flacher Kanal

Es werden Daten $d(i)\in\{\pm 1\}$ über einen flachen Kanal $h(i)$ übertragen. Ein Kanal wird dann als flach oder gleichbedeutend als nicht frequenzselektiv bezeichnet, wenn die maximale Echolaufzeit des Kanals geringer als die Symboldauer ist; dann tritt keine Intersymbolinterferenz auf, und der Frequenzgang des Kanals entspricht einer Konstanten.
Das Datensignal wird mit periodisch eingefügten Pilotsymbolen $d_P(i)$ verschachtelt, die dem Empfänger bekannt sind. Das Empfangssignal lautet $r(i) = h(i)d(i) + n(i)$, wobei $n(i)$ mittelwertfreies, additives, weißes Rauschen mit Leistung $\mathrm{E}\{|n(i)|^2\} = 1$ bezeichnet. Der Kanalkoeffizient $h(i)$ entspringt einem exponentiell korrelierten Prozess mit einer Autokorrelationsfunktion $r_H(\lambda) = \mathrm{E}\{h(i)h^*(i+\lambda)\} = a^{-|\lambda|}$ und $a = 0.9$.

Betrachten Sie folgende Kanalschätzer[1]

a) $\hat{h}(i) = \dfrac{r(i-1)}{d_P(i-1)}$

b) $\hat{h}(i) = \dfrac{1}{2}\left(\dfrac{r(i-1)}{d_P(i-1)} + \dfrac{r(i+1)}{d_P(i+1)}\right)$

c) $\hat{h}(i) = w^* \dfrac{r(i-1)}{d_P(i-1)}, \quad w = 0.45$

d) $\hat{h}(i) = w_0^* \dfrac{r(i-1)}{d_P(i-1)} + w_1^* \dfrac{r(i+1)}{d_P(i+1)}, \quad w_0 = w_1 = 0.32$

---
[1] Für a) übernimmt man den geschätzten Kanalkoeffizienten des vorangegangen Symbols für das aktuelle Symbol; b) Mittelung der vorherigen und der nächsten Kanalschätzung; c) lineare Prädiktion 1. Ordnung; d) MMSE-Interpolation der vorherigen und der nächsten Kanalschätzung.

und berechnen Sie jeweils den verbleibenden Schätzfehler
$$\sigma_{\tilde{h}}^2 = \mathrm{E}\{|h(i) - \hat{h}(i)|^2\}. \tag{14.1.1}$$

14.2 Orthogonale Trainingsfolgen

Zur Referenzdaten-gestützten Schätzung eines frequenzselektiven Kanals 2. Ordnung stehen zwei Trainingssequenzen zur Auswahl ($i = 1, \cdots, 6$)

$$d^{(1)}(i) = \{\ +1,\ +1,\ -1,\ +1,\ -1,\ -1\ \}, \tag{14.2.1a}$$
$$d^{(2)}(i) = \{\ +1,\ -1,\ +1,\ +1,\ +1,\ -1\ \}. \tag{14.2.1b}$$

Aufgrund des Einschwingvorgangs des Kanals ist die Länge des Beobachtungsintervalls $N = 4$, wobei der Beginn des Zeitfensters bei $i_1 = 3$ liegen soll.

a) Prüfen Sie beide Trainingssequenzen hinsichtlich ihrer Orthogonalitätseigenschaften.

b) Am Empfänger liegen nach der Übertragung über den Kanal **h** sowie der Überlagerung von weißem, Gaußverteiltem Rauschen im eingeschwungenem Zustand entsprechend die Sequenzen

$$\mathbf{y}^{(1)} = [\ -0.36,\ +0.14,\ -0.62,\ -0.85\ ]^T, \tag{14.2.2a}$$
$$\mathbf{y}^{(2)} = [\ +0.43,\ +0.34,\ +1.58,\ -0.05\ ]^T \tag{14.2.2b}$$

an. Führen Sie eine Maximum-Likelihood-Kanalschätzung mit den zugehörigen Trainingssequenzen $d^{(1)}(i)$ und $d^{(2)}(i)$ durch. Berechnen Sie die mittlere Schätzfehlervarianz beider Sequenzen, wenn die echte Kanalimpulsantwort

$$\mathbf{h} = [\ 0.8,\ 0.4,\ 0.3\ ]^T \tag{14.2.3}$$

lautet.

c) Vergleichen Sie die Schätzfehlervarianzen der Maximum-Likelihood- und der MMSE-Lösung für orthogonale Trainingssequenzen und unkorrelierte Kanalkoeffizienten. Treffen Sie allgemeingültige Aussagen für unterschiedliche Sequenzlängen N und unterschiedliche Rauschvarianzen σ_N^2, wenn $\sigma_H^2 = 1$ gilt.

14.3 Lösungen

14.3.1 Flacher Kanal

a) Die gegebene Kanalschätzvorschrift $\hat{h}(i) = \dfrac{r(i-1)}{d_\mathrm{P}(i-1)}$ wird umgeformt nach

$$\hat{h}(i) = h(i-1) + \tilde{n}(i-1) \qquad (14.3.1)$$

mit $\tilde{n}(i-1) = \dfrac{n(i-1)}{d_\mathrm{P}(i-1)}$. Die statistischen Eigenschaften von $\tilde{n}(i-1)$ und $n(i-1)$ sind identisch, d.h.

$$\mathrm{E}\{|\tilde{n}(i)|^2\} = \mathrm{E}\left\{\left|\dfrac{n(i-1)}{d_\mathrm{P}(i-1)}\right|^2\right\} = \dfrac{1}{d_\mathrm{P}^2(i-1)}\mathrm{E}\{|n(i-1)|^2\} = 1\,, \qquad (14.3.2)$$

Dabei wurde ausgenutzt, dass die Multiplikation des mittelwertfreien Gaußschen Prozesses mit einer Konstanten lediglich dessen Leistung ändert. Im gegebenen Fall ist diese Konstante gerade Eins. Die Bestimmung der mittleren Restfehlerleistung (14.1.1) beginnt mit der Ersetzung von (14.3.1).

$$\mathrm{E}\{|h(i)-\hat{h}(i)|^2\} = \mathrm{E}\left\{\left|h(i) - \big(h(i-1) + \tilde{n}(i-1)\big)\right|^2\right\}. \qquad (14.3.3\mathrm{a})$$

Das Betragsquadrat der rechten Gleichungsseite wird schrittweise aufgelöst

$$\begin{aligned}\mathrm{E}\{|h(i)-\hat{h}(i)|^2\} &= \mathrm{E}\{|h(i)-h(i-1)|^2\} + \mathrm{E}\{|\tilde{n}(i-1)|^2\} \\ &\quad - 2\cdot\mathrm{Re}\Big\{\underbrace{\mathrm{E}\big\{\big(h(i)-h(i-1)\big)^*\tilde{n}(i-1)\big\}}_{=0}\Big\} \\ &= \mathrm{E}\{|h(i)-h(i-1)|^2\} + \sigma_{\tilde{n}}^2\,. \qquad (14.3.3\mathrm{b})\end{aligned}$$

Der Kreuzterm zwischen Kanal- und Rauschrealisierung verschwindet deswegen, weil man von der Unkorreliertheit dieser Signale ausgehen kann. Die Auflösung des Betragsquadrats wird fortgesetzt und ergibt

$$E\{|h(i) - \hat{h}(i)|^2\} = \underbrace{E\{|h(i)|^2\}}_{r_H(0)=a^0} + \underbrace{E\{|h(i-1)|^2\}}_{r_H(0)=a^0}$$
$$- 2\text{Re}\{\underbrace{E\{h(i)h^*(i-1)\}}_{r_H(1)=a^1}\} + \sigma_{\tilde{n}}^2 \,. \quad (14.3.3c)$$

Daraus folgt die gesuchte Fehlerleistung zu

$$E\{|h(i) - \hat{h}(i)|^2\} = 2 - 2a + \sigma_{\tilde{n}}^2 = 1.2 \,. \quad (14.3.4)$$

b) Es wird die Vorgehensweise aus dem vorherigen Aufgabenteil angewendet, d.h. nach der Auflösung des Betragsquadrats wird die Linearität der Erwartungswertbildung ausgenutzt, um unkorrelierte und korrelierte Signalanteile zu identifizieren.

$$\begin{aligned}\sigma_{\hat{h}}^2 &= E\left\{\left|h(i) - \frac{1}{2}\left(\frac{r(i-1)}{d_P(i-1)} + \frac{r(i+1)}{d_P(i+1)}\right)\right|^2\right\} \\
&= E\left\{\left|h(i) - \frac{1}{2}\Big(h(i-1) + \tilde{n}(i-1) + h(i+1) + \tilde{n}(i+1)\Big)\right|^2\right\} \\
&= E\left\{\left|h(i) - \frac{1}{2}\big(h(i-1) + h(i+1)\big)\right|^2\right\} + \frac{\sigma_{\tilde{n}}^2}{2} \\
&= E\{|h(i)|^2\} + \frac{1}{4}E\{|h(i-1) + h(i+1)|^2\} \\
&\quad - \text{Re}\{E\{h(i)h^*(i-1)\}\} - \text{Re}\{E\{h(i)h^*(i+1))\}\} + \frac{\sigma_{\tilde{n}}^2}{2} \\
&= E\{|h(i)|^2\} + \frac{1}{4}E\{|h(i-1)|^2\} \\
&\quad + \frac{1}{4}E\{|h(i+1)|^2\} + \frac{1}{2}\text{Re}\{E\{h(i-1)h^*(i+1)\}\} \\
&\quad - \text{Re}\{E\{h(i)h^*(i-1)\}\} - \text{Re}\{E\{h(i)h^*(i+1))\}\} + \frac{\sigma_{\tilde{n}}^2}{2} \\
&= \frac{3}{2} + \frac{a^2}{2} - 2a + \frac{\sigma_{\tilde{n}}^2}{2} = 0.605
\end{aligned}$$
$$(14.3.5)$$

14.3 Lösungen

c)

$$\begin{aligned}
\sigma_{\tilde{h}}^2 &= \mathrm{E}\{|h(i) - w^* \frac{r(i-1)}{d_\mathrm{P}(i-1)}|^2\} \\
&= \mathrm{E}\{|h(i) - w^* h(i-1) + w^* \tilde{n}(i)|^2\} \\
&= \mathrm{E}\{|h(i) - w^* h(i-1)|^2\} + |w|^2 \sigma_{\tilde{n}}^2 \qquad (14.3.6)\\
&= \mathrm{E}\{|h(i)|^2\} + |w|^2 \mathrm{E}\{|h(i-1)|^2\} \\
&\quad - 2\mathrm{Re}\{w\mathrm{E}\{h(i)h^*(i-1)\}\} + |w|^2 \sigma_{\tilde{n}}^2 \\
&= 1 + |w|^2 - 2\mathrm{Re}\{w\}a + |w|^2 \sigma_{\tilde{n}}^2 = 0.595
\end{aligned}$$

d)

$$\begin{aligned}
\sigma_{\tilde{h}}^2 &= \mathrm{E}\{|h(i) - w_0^* \frac{r(i-1)}{d(i-1)} - w_1^* \frac{r(i+1)}{d(i+1)}|^2\} \\
&= \mathrm{E}\{|h(i) - w_0^*(h(i-1) + \tilde{n}(i-1)) - w_1^*(h(i+1) + \tilde{n}(i+1))|^2\} \\
&= \mathrm{E}\{|h(i) - w_0^* h(i-1) - w_1^* h(i+1)|^2\} + \sigma_{\tilde{n}}^2(|w_0|^2 + |w_1|^2) \\
&= \mathrm{E}\{|h(i)|^2\} + \mathrm{E}\{|w_0^* h(i-1) + w_1^* h(i+1)|^2\} \\
&\quad - 2\mathrm{Re}\{\mathrm{E}\{h(i)(w_0 h^*(i-1) + w_1 h^*(i+1))\}\} + \sigma_{\tilde{n}}^2(|w_0|^2 + |w_1|^2) \\
&= \mathrm{E}\{|h(i)|^2\} + |w_0|^2 \mathrm{E}\{|h(i-1)|^2\} + |w_1|^2 \mathrm{E}\{|h(i+1)|^2\} \\
&\quad + 2\mathrm{Re}\{w_0^* w_1 \mathrm{E}\{h(i-1)h^*(i+1)\}\} - 2\mathrm{Re}\{w_0 \mathrm{E}\{h(i)h^*(i-1)\}\} \\
&\quad - 2\mathrm{Re}\{w_1 \mathrm{E}\{h(i)h^*(i+1)\}\} + \sigma_{\tilde{n}}^2(|w_0|^2 + |w_1|^2) \\
&= 1 + |w_0|^2 + |w_1|^2 + 2\mathrm{Re}\{w_0^* w_1\}a^2 \\
&\quad - 2\mathrm{Re}\{w_0\}a - 2\mathrm{Re}\{w_1\}a + \sigma_{\tilde{n}}^2(|w_0|^2 + |w_1|^2) = 0.4235
\end{aligned}$$
(14.3.7)

Diese Aufgabe verdeutlicht, dass die Berücksichtigung von zusätzlicher Information zu einer Verringerung des Schätzfehlers genutzt werden kann.

14.3.2 Orthogonale Trainingsfolgen

a) Ein Kanal 2. Ordnung hat die Länge $\ell = 3$. Das Beobachtungsintervall der Länge $N = 4$ erstreckt sich über die Zeitpunkte $3 \leq i \leq 6$, so dass die Empfangssignale dem eingeschwungenen Zustand des Kanals entsprechen. Für den Datenvektor $d^{(1)}(i)$ bedeutet dies z.B.

$$d^{(1)}(i) = [\ +1,\ +1,\ \underbrace{-1}_{i_1},\ +1,\ -1,\ -1\ ]. \qquad (14.3.8)$$

Um zu überprüfen, ob die Datenvektoren orthogonale Folgen sind, wird Gleichung (14.1.39) in [Kam08, S. 529], $\mathbf{S}_d^H \mathbf{S}_d \stackrel{!}{=} N \cdot \mathbf{I}$, überprüft werden. Dazu bildet man die $(N \times \ell)$-Faltunsgmatrix nach Gleichung (14.1.12a) in [Kam08, S. 523].

$$\mathbf{S}_d^{(1)} = \begin{pmatrix} -1 & +1 & +1 \\ +1 & -1 & +1 \\ -1 & +1 & -1 \\ -1 & -1 & +1 \end{pmatrix}, \quad \mathbf{S}_d^{(2)} = \begin{pmatrix} +1 & -1 & +1 \\ +1 & +1 & -1 \\ +1 & +1 & +1 \\ -1 & +1 & +1 \end{pmatrix} \qquad (14.3.9)$$

Die Überprüfung der Orthogonalitätseigenschaft ergibt:

$$\mathbf{S}_d^{(1)H} \mathbf{S}_d^{(1)} = \begin{pmatrix} 4 & -2 & 0 \\ -2 & 4 & -2 \\ 0 & -2 & 4 \end{pmatrix}, \quad \mathbf{S}_d^{(2)H} \mathbf{S}_d^{(2)} = 4 \cdot \mathbf{I}_3\ . \qquad (14.3.10)$$

Somit stellt die Folge $d^{(2)}(i)$ im Sinne der oben genannten Definition eine orthogonale Folge dar, Folge $d^{(1)}(i)$ dagegen nicht.

b) Zur Schätzung des Kanals mit der Folge $d^{(1)}(i)$ ziehen wir Gleichung (14.1.20) in [Kam08, S. 525] heran und bilden die Pseudo-Inverse von $\mathbf{S}_d^{(1)}$. Diese kann durch $\mathbf{S}_d^{(1)+} = \left(\mathbf{S}_d^{(1)H} \mathbf{S}_d^{(1)}\right)^{-1} \mathbf{S}_d^{(1)H}$ ausgedrückt werden. Die enthaltene Matrix-Inversion kann u.a. mit Hilfe der Gauß-Jordan Eliminierung durchgeführt werden. Der

14.3 Lösungen

geschätzte Kanal ergibt sich dann zu

$$\hat{\mathbf{h}}_{\mathrm{ML}}^{(1)} = \left(\mathbf{S}_d^{(1)H}\mathbf{S}_d^{(1)}\right)^{-1}\mathbf{S}_d^{(1)H}\mathbf{y}^{(1)}$$

$$= \begin{pmatrix} 0.375 & 0.25 & 0.125 \\ 0.25 & 0.5 & 0.25 \\ 0.125 & 0.25 & 0.375 \end{pmatrix} \begin{pmatrix} +1 & +1 & +1 & -1 \\ -1 & +1 & +1 & +1 \\ +1 & -1 & +1 & +1 \end{pmatrix} \begin{pmatrix} -0.36 \\ +0.14 \\ -0.62 \\ -0.85 \end{pmatrix}$$

$$= \begin{pmatrix} 0.618, & 0.246, & 0.009 \end{pmatrix}^T \qquad (14.3.11)$$

Für orthogonale Trainingsfolgen vereinfacht sich die Maximum-Likelihood-Lösung zu

$$\hat{\mathbf{h}}_{\mathrm{ML}}^{(2)} = \frac{1}{N}\mathbf{S}_d^{(2)H}\mathbf{y}^{(2)} = \begin{pmatrix} 0.604 \\ 0.358 \\ 0.405 \end{pmatrix}. \qquad (14.3.12)$$

Für die mittlere Schätzfehlervarianz gilt mit Gleichung (14.1.19b) in [Kam08, S. 525]

$$\bar{\sigma}_{\Delta H}^2 = \frac{\|\hat{\mathbf{h}}_{\mathrm{ML}} - \mathbf{h}\|^2}{\ell} = \frac{\mathrm{tr}\{\mathbf{R}_{\Delta H \Delta H}\}}{\ell}, \qquad (14.3.13)$$

wobei $\mathrm{tr}\{\cdot\}$ die Spur der Matrix darstellt. Für eine einzelne Kanalrealisierung kann man mit $\Delta \mathbf{h} = \hat{\mathbf{h}}_{\mathrm{ML}} - \mathbf{h}$ schreiben

$$\bar{\sigma}_{\Delta H,1}^2 = \frac{\mathrm{tr}\{\Delta \mathbf{h}^{(1)} \cdot \Delta \mathbf{h}^{(1)H}\}}{3} = 0.047 \qquad (14.3.14\mathrm{a})$$

$$\bar{\sigma}_{\Delta H,2}^2 = \frac{\mathrm{tr}\{\Delta \mathbf{h}^{(2)} \cdot \Delta \mathbf{h}^{(2)H}\}}{3} = 0.017. \qquad (14.3.14\mathrm{b})$$

Eine kleinere Varianz folgt bei Verwendung der orthogonalen Sequenz.

c) Für die Kovarianzmatrix des Schätzfehlers der MMSE-Lösung gilt nach Gleichung (14.1.38b) in [Kam08, S. 528]

$$\mathbf{R}_{\Delta H \Delta H} = \sigma_N^2 \left(\mathbf{S}_d^H \mathbf{S}_d + \frac{\sigma_N^2}{\sigma_H^2}\mathbf{I}_\ell\right)^{-1}. \qquad (14.3.15)$$

Unter Berücksichtigung der Orthogonalitätseigenschaft und $\sigma_H^2 = 1$ ergibt sich für die Schätzfehlervarianz der MMSE-Lösung

$$\sigma^2_{\Delta H,\text{MMSE}} = \frac{\sigma_N^2}{N + \sigma_N^2} \,. \qquad (14.3.16)$$

Für das Leistungsverhältnis beider Schätzverfahren gilt

$$\frac{\sigma^2_{\Delta H,\text{MMSE}}}{\sigma^2_{\Delta H,\text{ML}}} = \frac{\frac{\sigma_N^2}{N+\sigma_N^2}}{\frac{\sigma_N^2}{N}} = \frac{N}{N + \sigma_N^2} = \frac{1}{1 + \frac{\sigma_N^2}{N}} \,. \qquad (14.3.17)$$

Es lassen sich folgende Aussagen treffen:

- Die MMSE-Lösung weist immer eine geringere Schätzvarianz als die ML-Lösung auf.
- Für sehr kleine Rauschleistungen ($\sigma_N^2 \to 0$) sind die Lösungen identisch. Für sehr große Rauschleistungen ($\sigma_N^2 \to \infty$) ist die MMSE-Lösung der ML-Lösung überlegen.
- Für sehr lange Beobachtungsintervalle ($N \gg 1$) nähert sich die ML-Lösung der MMSE-Lösung.

Kapitel 15

Übertragung über Funkkanäle

15.1 Empfangsdiversität und Maximum-Ratio-Combining

Es werden Daten drahtlos mittels QPSK übertragen. Zur Verbesserung der Empfangsqualität wird der Empfänger mit drei Antennen ausgestattet. Das Symboltaktmodell des Gesamtsystems ist in Abbildung 15.1.1 dargestellt.

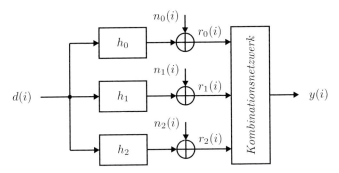

Abbildung 15.1.1: Diversitätsempfänger

Die auf den einzelnen Übertragungspfaden auftretenden Rauschgrößen $n_0(i), n_1(i), n_2(i)$ seien Musterfunktionen unabhängiger weißer gaußverteilter Prozesse mit der Leistung

$$\sigma_0^2 = \sigma_1^2 = \sigma_2^2 = 0.05\,. \tag{15.1.1}$$

Die komplexen Pfadgewichte betragen

$$h_0 = 0.7, \quad h_1 = 0.5 \cdot e^{j\pi/6}, \quad h_2 = 0.4 \cdot j. \tag{15.1.2}$$

a) Skizzieren Sie das Kombinationsnetzwerk, bei dem sich am Ausgang ein maximales S/N-Verhältnis ergibt.

b) Geben Sie dieses S/N- Verhältnis an.

c) Bestimmen Sie mit Hilfe von Abbildung 11.2.3 auf S. 113 die Bitfehlerwahrscheinlichkeit.

d) Wie groß ist die Bitfehlerwahrscheinlichkeit, wenn nur das stärkste Antennensignal ausgewertet wird?

15.2 Mobilfunkkanal

Es wird eine BPSK-Datenübertragung, $d(i) \in \{-1, 1\}$, über einen flachen Kanal mit dem zeitvarianten Übertragungsfaktor $h(i)$ betrachtet

$$y(i) = h(i) \cdot d(i) + n(i). \tag{15.2.1}$$

Die Symboldauer beträgt $T_\text{Baud} = 50$ ns, und das Signal-zu-Rauschleistungsverhältnis $\frac{E_b}{N_0} = \frac{\text{E}\{|d(i)|^2\}}{\text{E}\{|n(i)|^2\}} = 7$ dB. Der Kanal $h(i)$ kann drei Zustände annehmen, in denen er durch die Kanalkoeffizienten

$$h_1 = 0.5 \cdot \exp(j\pi/4), \quad h_2 = 0.8 \cdot \exp(j\pi/6), \quad h_3 = 0.1 + j0.2 \tag{15.2.2}$$

beschrieben wird. Die Zustände sind durch eine mittlere Auftrittswahrscheinlichkeit $P_\ell = P\{h(i) = h_\ell\}$ gekennzeichnet, wobei $P_1 + P_2 + P_3 = 1$.

Hinweis: Nehmen Sie perfekte Kanalkenntnis am Empfänger an. Die Detektion am Empfänger wird kohärent durchgeführt. Verwenden Sie Abbildung 15.2.1 zur Lösung der folgenden Aufgaben.

a) Bestimmen Sie die mittlere Bitfehlerwahrscheinlichkeit für gleichwahrscheinliche Zustände, $P_1 = P_2 = P_3$.

b) Bestimmen Sie die mittlere Bitfehlerwahrscheinlichkeit für folgende Auftrittswahrscheinlichkeiten der Zustände:

$P_1 = 0.6, \qquad P_2 = 0.3, \qquad P_3 = 0.1$.

c) Nehmen Sie perfekte Kanalkenntnis am *Sender* an. Welchen Wert nimmt die Bitfehlerwahrscheinlichkeit an, wenn der Sender nur während des stärksten Kanalkoeffizienten sendet?

d) Wie groß ist die mittlere Bitrate im Falle von c).

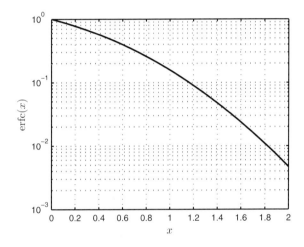

Abbildung 15.2.1: Komplementäre Fehlerfunktion

15.3 Lösungen

15.3.1 Empfangsdiversität und Maximum-Ratio-Combining

a) Das Kombinationsnetzwerk führt eine Linearkombination der Empfangszweige durch

$$y(i) = \sum_{\ell=0}^{2} c_\ell r_\ell(i). \qquad (15.3.1)$$

Mittels Schwartz'scher Ungleichung lässt sich zeigen, dass das S/N-Verhältnis zwischen Nutz- und Störanteil dann maximiert wird, wenn

$$c_\ell = h_\ell^* \qquad (15.3.2)$$

gilt. Dies ist u.a. in Gleichung (15.3.4) in [Kam08, S. 571] zu finden. Die MRC-Koeffizienten sind entsprechend

$$c_0 = h_0^* = 0.7; \quad c_1 = h_1^* = 0.5 e^{-j\pi/6}; \quad c_2 = h_2^* = -0.4j. \qquad (15.3.3)$$

Das resultierende Blockschaltbild ist in Abbildung 15.3.1 dargestellt.

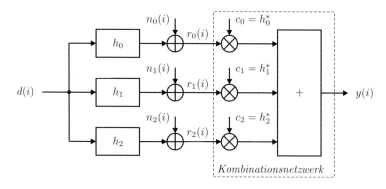

Abbildung 15.3.1: Netzwerk mit Maximum Ratio Combining

b) Das Ausgangssignal des MRC-Netzwerks lässt sich durch

$$y(i) = \underbrace{(|h_0|^2 + |h_1|^2 + |h_2|^2) d(i)}_{\text{Nutzsignal } \tilde{d}(i)} + \underbrace{h_0^* n_0(i) + h_1^* n_1(i) + h_2^* n_2(i)}_{\text{Störsignal } \tilde{n}(i)}$$

(15.3.4)

ausdrücken. Die Leistung des nutzbaren Signalanteils ist demnach

$$S = \mathrm{E}\{|\tilde{d}(i)|^2\} = \bigl(|h_0|^2 + |h_1|^2 + |h_2|^2\bigr)^2 \sigma_D^2 \qquad (15.3.5)$$

und die Leistung des Störanteils ist

$$N = \mathrm{E}\{|\tilde{n}(i)|^2\} = \bigl(|h_0|^2 + |h_1|^2 + |h_2|^2\bigr)\sigma_N^2. \qquad (15.3.6)$$

15.3 Lösungen

Setzt man Nutz- und Störleistung zueinander ins Verhältnis, dann ergibt sich

$$\left.\frac{S}{N}\right|_{\text{MRC}} = \left(|h_0|^2 + |h_1|^2 + |h_2|^2\right) \frac{\sigma_D^2}{\sigma_N^2} = 18 \,\hat{=}\, 12.6\,\text{dB}\,. \quad (15.3.7)$$

c) Durch lineare Kombination der einzelnen Empfangszweige entsteht mit $y(i)$ ein Signal, welches einem äquivalenten AWGN-Kanal entspricht. Die Bitfehlerrate für ein durch AWGN gestörtes QPSK-Signal lautet allgemein

$$P_{b,\text{QPSK}} = \frac{1}{2} \cdot \text{erfc}\left(\sqrt{\frac{S/N}{2}}\right)\,. \quad (15.3.8)$$

Mittels Abbildung 11.2.3 findet man $P_{b,\text{QPSK}} \approx 1.1 \cdot 10^{-5}$.

d) Der leistungsstärkste Pfad ist mit dem Kanalkoeffizienten h_0 bewertet und wird über das Betragsquadrat ermittelt. Demnach lautet das MRC-Ausgangssignal

$$y(i) = |h_0|^2 d(i) + h_0^* n_0(i)\,. \quad (15.3.9)$$

Das SNR ist somit gegeben durch

$$\left.\frac{S}{N}\right|_{h_0} = \frac{|h_0|^2}{\sigma_N^2} = 14 \,\hat{=}\, 11.5\,\text{dB}\,. \quad (15.3.10)$$

Daraus folgt eine Bitfehlerate von

$$P_{b,\text{QPSK}} = \frac{1}{2} \cdot \text{erfc}\left(\sqrt{\frac{S/N}{2}}\right) \approx 9.1 \cdot 10^{-5}\,. \quad (15.3.11)$$

Obwohl der Empfangszweig mit dem stärksten Kanalkoeffizienten verwendet wird, ist die erzielte Bitfehlerrate um rund eine Dekade schlechter als das Kombinationsnetzwerk. Dies zeigt den Gewinn von MRC, sowie die Möglichkeit einer zuverlässigeren Übertragung durch mehrere Antennen am Empfänger.

15.3.2 Mobilfunkkanal

a) Die Bitfehlerrate für ein BPSK-Signal über einen AWGN-Kanal lautet

$$P_b = \frac{1}{2} \cdot \mathrm{erfc}\left(\sqrt{\frac{E_b}{N_0}}\right). \qquad (15.3.12)$$

Wenn ein konstanter Kanalkoeffizient h zwischen Sender und Empfänger liegt, ergibt sich eine Bitfehlerrate von

$$P_b(h) = \frac{1}{2} \cdot \mathrm{erfc}\left(\sqrt{|h|^2 \frac{E_b}{N_0}}\right). \qquad (15.3.13)$$

Für eine gleichverteilte Auftrittswahrscheinlichkeit $P_1 = P_2 = P_3 = \frac{1}{3}$ sowie $E_b/N_0 = 7\mathrm{dB} = 5$ gilt für die mittlere Bitfehlerrate

$$\begin{aligned}\bar{P}_b &= P_1 P_b(h_1) + P_2 P_b(h_2) + P_3 P_b(h_3) \\ &= \frac{1}{3}\bigl(P_b(h_1) + P_b(h_2) + P_b(h_3)\bigr)\end{aligned} \qquad (15.3.14)$$

mit den Einzelwahrscheinlichkeiten

$$P_b(h_1) = \frac{1}{2} \cdot \mathrm{erfc}\left(\sqrt{|0.5 \cdot e^{j\pi/4}|^2 \frac{E_b}{N_0}}\right) = \frac{\mathrm{erfc}\,(1.12)}{2} \qquad (15.3.15\mathrm{a})$$

$$P_b(h_2) = \frac{1}{2} \cdot \mathrm{erfc}\left(\sqrt{|0.8 \cdot e^{j\pi/6}|^2 \frac{E_b}{N_0}}\right) = \frac{\mathrm{erfc}\,(1.789)}{2} \qquad (15.3.15\mathrm{b})$$

$$P_b(h_3) = \frac{1}{2} \cdot \mathrm{erfc}\left(\sqrt{|0.1 + 0.2j|^2 \frac{E_b}{N_0}}\right) = \frac{1}{2} \cdot \mathrm{erfc}\,(0.5). \qquad (15.3.15\mathrm{c})$$

Es folgt

$$\bar{P}_b = \frac{0.0569 + 0.0057 + 0.2398}{3} = 0.1008. \qquad (15.3.16)$$

b)

$$\bar{P}_b = 0.6 P_b(h_1) + 0.3 P_b(h_2) + 0.1 P_b(h_3) = 0.0598 \qquad (15.3.17)$$

c) Der stärkster Kanalkoeffizient ist h_2. Die Bitfehlerrate für diesen Fall ist gegeben durch

$$P_{b,\text{min}} = P_b(h_2) = 0.0057 \,. \tag{15.3.18}$$

d) Die maximale Datenrate bei der gegebenen Symboldauer ist

$$R_b = 1/T_{\text{Baud}} = 1/(50 \text{ ns}) = 20 \text{ Mbit/s} \,. \tag{15.3.19}$$

Wenn wie in Teil c) in 30% aller Fälle gesendet wird, reduziert sich die Datenrate auf

$$\bar{R}_b = 0.3 \cdot R_b = 6 \text{ Mbit/s} \,. \tag{15.3.20}$$

Kapitel 16

Mehrträger-Modulation

16.1 Unterschiedliche Abtastfrequenzen in OFDM-Systemen

Für mobile Datenübertragung innerhalb von Gebäuden soll ein OFDM-System angewendet werden. Aus Gründen der Kompatibilität darf ein OFDM-Symbol nicht länger als 4 μs sein, wobei aufgrund der Mehrwegeausbreitung ein Guardintervall von 800 ns enthalten sein soll. Aufgrund der für Indoor-Umgebungen typischen geringen Doppler-Effekte wird der Kanal als quasi-zeitinvariant angenommen.

a) Wie groß ist der E_b/N_0-Verlust dieses Systems aufgrund des Guardintervalls?

b) Bestimmen Sie den minimalen Unterträgerabstand, damit die Orthogonalität zwischen den Trägern sichergestellt wird.

c) Auf jedem Unterträger findet eine 64-QAM Signalraumzuordnung statt. Geben Sie die Anzahl der benötigten Unterträger an, damit eine uncodierte Bitrate von 72 Mbit/s übertragen werden kann. Welche OFDM-Bandbreite ergibt sich?

d) Im Empfänger soll eine FFT der Länge 256 eingesetzt werden. Geben Sie alle Abtastfrequenzen an, die eine fehlerfreie Detektion der N Unterträger erlauben. Erläutern Sie, welche Bedeutung dabei jeweils den Ein- und Ausgängen der FFT zukommt.

16.2 Fehlerraten bei OFDM

Zur Datenübertragung soll ein OFDM-System mit vier Unterträgern (FFT-Länge $N = 4$) benutzt werden. Die OFDM-Symbolrate beträgt $f_{OFDM} = 2$ kHz und die Energie eines OFDM-Symbols soll $E_{OFDM} = 8T_a$ betragen. Auf jedem Unterträger werden die Daten QPSK-moduliert (Gray-Codierung) und im Empfänger durch ideale Entzerrung ($1/H(n)$) korrigiert. Das Sendesignal wird über einen für die Dauer der Übertragung zeitinvarianten Kanal 1. Ordnung übertragen und mit weißem, Gaußverteilten Rauschen der Rauschleistungsdichte $N_0/2 = 0.04T_a$ im Bandpassbereich überlagert.

a) Bestimmen Sie die Länge des Guardintervalls, geben Sie das Verhältnis f_{OFDM}/f_a an und ermitteln die den E_b/N_0-Verlust. Weiterhin ist die Gesamtdatenrate R des Systems zu berechnen.

b) Der Übertragungskanal hat die gemessene Symboltakt-Impulsantwort $\mathbf{h} = [\ 0.8,\ 0.6\ ]^T$. Wie lautet die für das OFDM-System relevante Betrags-Übertragungsfunktion. Geben Sie die Leistung des Kanals in dB an.

c) Berechnen Sie die Bitfehlerrate des Übertragungssystems.

Hinweis: Benutzen Sie für QPSK entsprechende Näherungslösungen und entnehmen Sie benötigte Werte der erfc-Funktion in Abbildung 16.2.1.

d) Es wird nur 75% der ursprünglichen Datenrate benötigt, und man beschließt, den Unterträger mit der geringsten Empfangsleistung von der Datenübertragung auszuschließen. Berechnen Sie nun erneut die Gesamtbitfehlerrate bei gleichem E_b/N_0-Verhältnis.

16.3 OFDM-Frequenzgang

Ein OFDM-System mit $N = 16$ Unterträgern belegt eine Bandbreite von $B = 6$ MHz. Für die Übertragung der Daten wird eine 8PSK-Modulation eingesetzt. Die Bandbreite-Effizienz beträgt $\beta = 0.8$.

a) Bestimmen Sie die Datenrate R des Systems.

16.3 OFDM-Frequenzgang

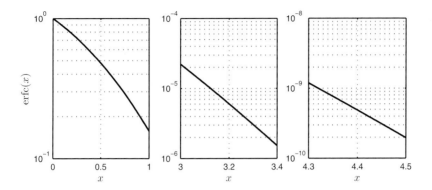

Abbildung 16.2.1: Komplementäre Fehlerfunktion

b) Wie groß ist die maximale relative Verzögerung $\tau_{\max}$, die der Übertragungskanal aufweisen darf, um Intersymbol-Interferenz zwischen OFDM-Symbolen geraden zu vermeiden?

Die Übertragung soll nun bei gleichen Systemparametern mit einer Datenrate von $R = 13.5$ Mbit/s stattfinden.

c) Wie viele der 16 Unterträger werden benötigt, um die geforderte Datenrate zu erzielen?

Bei einer Schätzung des Kanals wird folgende Impulsantwort ermittelt

$$h(\ell) = 1 \cdot \delta(\ell) + 0.5 \cdot \delta(\ell - 1). \qquad (16.3.1)$$

d) Welche Unterträger schlagen Sie für die Abschaltung vor?
Hinweis: Der erste Unterträger liegt mit seiner Mittenfrequenz bei $\Omega = 0$.

16.4 Datenraten bei OFDM

Für ein drahtloses Rechnernetz (Wireless Local Area Network, WLAN) soll das OFDM-Verfahren zum Einsatz kommen. Es wird eine Übertragung mit 32 Mbit/s angestrebt. Die maximale Echolaufzeit der Kanalimpulsantwort beträgt $\tau_{\max} = 800$ ns.

a) Bestimmen Sie den Abstand der Subträger, wenn das Guardintervall 20% der gesamten Symboldauer betragen soll.

b) Berechnen Sie den S/N-Verlust, der sich aufgrund des Einfügens des Guardintervalls (Verletzung der Matched-Filter-Bedingung) ergibt.

c) Die zur Verfügung stehende Kanalbandbreite beträgt $B = 20$ MHz. Wie viele Subträger enthält das übertragene Signal?

d) Wählen Sie unter den Modulationsarten BPSK, QPSK, 8-PSK, 16-QAM, 64-QAM diejenige aus, mit der die oben angegebene Bitrate gerade erreicht wird. Begründen Sie ihre Entscheidung durch eine Rechnung.

16.5 Lösungen

16.5.1 Unterschiedliche Abtastfrequenzen in OFDM-Systemen

a) Der Guardverlust spiegelt die Tatsache wieder, dass ein Teil der Nutzenergie für das Guardintervall aufgewendet wird, der dadurch der Datendetektion verloren geht. Das Guardintervall hat eine Dauer von $T_G = 800$ ns. Damit ergibt sich für den E_b/N_0-Verlust

$$\gamma_G^2 = 1 - \frac{T_G}{T_{OFDM}} = 0.8 \approx -1\,\text{dB}\,. \qquad (16.5.1)$$

b) Die Kernsymboldauer (d.h. die Gesamtsymboldauer ohne Guardintervall) beträgt

$$T_S = T_{OFDM} - T_G = 3.2\,\mu\text{s}\,. \qquad (16.5.2)$$

Damit ergibt sich ein minimaler Unterträgerabstand von

$$\Delta f = \frac{1}{T_S} = 312.5\,\text{kHz}\,. \qquad (16.5.3)$$

c) Mit einer 64-QAM werden pro Symbol $\log_2(M) = \log_2(64) = 6$ Bits übertragen. Die Gesamtdatenrate des OFDM-Systems lässt sich damit folgendermaßen berechnen

$$R = \frac{\log_2(M) \cdot N}{T_{OFDM}} \qquad (16.5.4\text{a})$$

$$N = \frac{T_{OFDM} \cdot R}{\log_2(M)} = 48 \qquad (16.5.4\text{b})$$

$$B = \Delta f \cdot N = 15\,\text{MHz}\,. \qquad (16.5.4\text{c})$$

Um die Datenrate von 72 Mbit/s zu erzielen, müssen 48 Unterträger bei einer Bandbreite von 15 MHz verwendet werden.

d) Aufgrund des Abtasttheorems sind prinzipiell alle Abtastfrequenzen $f_a \geq B = 15\,\text{MHz}$ möglich. Mögliche Abtastfrequenzen müssen einerseits zu Frequenzstützstellen führen, die Vielfache des Subträgerabstands sind, andererseits muss im Zeitbereich eine ganzzahlige Anzahl von Abtastwerten pro OFDM-Symbol entstehen.

$$f_a = B \cdot \frac{256}{48 \cdot i} = \Delta f \frac{256}{i} \quad i \in [1,\,2,\,4] \qquad (16.5.5)$$

Außerdem muss i ein Teiler von 48 und 256 sein. Der Fall $i = 3$

i	f_a	Eingangswerte	48 Ausgangswerte
1	80 MHz	256 (0...255)	0,1,2,...,47
2	40 MHz	128 (0...127)	0,2,4,...,94
4	20 MHz	64 (0...63)	0,4,8,...,188

Tabelle 16.5.1: Resultierende Werte unterschiedlicher Abtastfrequenzen

ist ausgenommen, weil bei der zugehörigen Abtastzeit keine ganze Anzahl Samples pro OFDM-Symbol entsteht.

Im Falle niedriger Abtastfrequenzen entstehen weniger Abtastwerte pro OFDM-Symbole, so dass eine FFT der Länge $N = 256$ mittels *zero-padding* realisiert werden muss. Letzteres führt zu Interpolation zwischen den gesuchten wahren Stützstellen, die dann äquidistant entsprechend des Überabtastfaktors verteilt sind.

16.5.2 Fehlerraten bei OFDM

a) Bei einem Kanal 1. Ordnung ist genau ein aufgelöster Echopfad durch das Guardintervall zu kompensieren. Daher hat das Guardintervall die Länge eines Abtastwertes.

$$f_{OFDM} = 2\,\text{kHz} \quad (16.5.6\text{a})$$
$$T_{OFDM} = 500\,\mu\text{s} \quad (16.5.6\text{b})$$
$$N_{OFDM} = N + N_G = 4 + 1 = 5 \quad (16.5.6\text{c})$$
$$f_a = f_{OFDM} \cdot N_{OFDM} = 10\,\text{kHz} \quad (16.5.6\text{d})$$
$$T_a = 1/f_a = 100\,\mu\text{s} \quad (16.5.6\text{e})$$

– Länge des Guardintervalls: $T_G = 100\,\mu\text{s}$

– Verhältnis f_{OFDM}/f_a: 5

– Bits pro OFDM-Symbol: $\log_2(M) \cdot N = 2 \cdot 4 = 8$
  $\rightarrow$ Datenrate $R = 8 \cdot f_{OFDM} = 16\,\text{kbit/s}$

– Der E_b/N_0-Verlust aufgrund des Guardintervalls beträgt $1 - \frac{T_G}{T_{OFDM}} = 0.8 = 0.97\,\text{dB}$

b) Die Leistung des Kanals berechnet sich wie folgt

$$\sum_{i=0}^{1} |h(i)|^2 = 0.8^2 + 0.6^2 = 1 = 0\,\text{dB}\,. \quad (16.5.7)$$

In zeitkontinuierlicher Darstellung lautet die Impulsantwort

$$h(\tau) = 0.8\delta(\tau) + 0.6\delta(\tau - T_a)\,, \quad (16.5.8)$$

so dass für die Betragsübertragungsfunktion gilt

$$|H(f)| = \left| 0.8 + 0.6 \cdot e^{-j2\pi f T_a} \right|\,. \quad (16.5.9)$$

Tastet man nun diese Betragsübertragungsfunktion an den Mittenfrequenzen der einzelnen OFDM-Unterträger ab, also mit $f = \{\ 0,\ \frac{1}{4}f_a,\ \frac{1}{2}f_a,\ \frac{3}{4}f_a\ \}$, so ergibt sich folgende diskrete Betragsübertragungsfunktion:

$$|H| = \{\ 1.4,\ 1,\ 0.2,\ 1\ \}. \qquad (16.5.10)$$

In Abbildung 16.5.1 ist $|H(f)|$ illustriert.

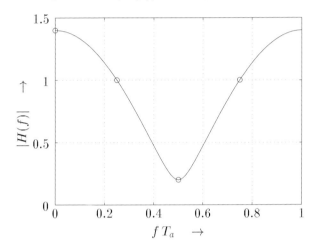

Abbildung 16.5.1: Zeitkontinuierliche und abgetastete Übertragungsfunktion

c) Auf jedem Unterträger werden komplexe QPSK-Symbole mit der (Bandpass-) Energie E_s gesendet, die, bevor das Rauschen hinzuaddiert wird, mit einem entsprechenden Kanalkoeffizienten zu gewichten sind.

$$E_s = \frac{E_{OFDM}}{N} = 2 \cdot T_a \qquad (16.5.11)$$

Die Kernsymboldauer T_s beträgt $T_s = 4 \cdot T_a$. Es ergibt sich also

$$E_s = \frac{1}{2}T_s\,. \qquad (16.5.12)$$

Die Rauschleistungsdichte N_0 im komplexen Basisband laut Aufgabentext ist

$$N_0 = 0.08 \cdot T_a = 0.02 \cdot T_s\,. \qquad (16.5.13)$$

Es ergibt sich daraus ein E_s/N_0-Verhältnis von 25 (14 dB). Wegen $E_b = 0.5 \cdot E_s$ beträgt das Verhältnis

$$\frac{E_b}{N_0} = 12.5 = 11\,\text{dB}\,. \qquad (16.5.14)$$

Die Bitfehlerwahrscheinlichkeit für QPSK unter Berücksichtigung des Guardintervalls ist

$$P_b \approx \frac{1}{2} \cdot \text{erfc}\left(\sqrt{\frac{E_b}{N_0} \cdot \left(1 - \frac{T_G}{T_{OFDM}}\right)}\right) = 3.8 \cdot 10^{-6}\,. \qquad (16.5.15)$$

Die zu erwartende Bitfehlerrate ohne Kanaleinfluss beträgt also $3.8 \cdot 10^{-6}$. Bei einem uncodierten OFDM-System mit ausreichendem Guardintervall können die Fehlerraten auf den einzelnen Unterträgern separat bestimmt werden. Das Verhältnis E_b/N_0 ist nicht über alle Unterträger konstant. Es wird daher eine neue, trägerspezifische Rauschleistungsdichte $N_0(n) = N_0/(|H(n)|^2)$ definiert. Es ist deutlich zu erkennen, wie unterschiedlich die Fehler-

Unterträger n	$|H(n)|^2$	$N_0(n)$	$E_b/N_0(n)$	$P_b(n)$
0	1.96	$0.01 \cdot T_s$	24.5	$1.9 \cdot 10^{-10}$
1	1	$0.02 \cdot T_s$	12.5	$3.8 \cdot 10^{-6}$
2	0.04	$0.5 \cdot T_s$	0.5	$1.9 \cdot 10^{-1}$
3	1	$0.02 \cdot T_s$	12.5	$3.8 \cdot 10^{-6}$

Tabelle 16.5.2: Berechnung der einzelnen Unterträgerfehlerraten

raten auf den verschiedenen Unterträgern sind. Die mittlere Fehlerwahrscheinlichkeit ist damit

$$P_b = \frac{1}{N} \sum_{n=0}^{N-1} P_b(n) \approx 4.8 \cdot 10^{-2}\,. \qquad (16.5.16)$$

d) Wenn man gleiche Symbolraten auf den Unterträgern annimmt, so ergibt sich durch Weglassen eines Unterträgers eine um 1/4 verminderte Datenrate. Bei gleicher Symbolenergie auf den benutzten

Unterträgern ändert sich bei den unter c) errechneten Beziehungen nichts. Bei der Berechnung der gesamten Fehlerrate ist lediglich Unterträger $n = 2$ auszuklammern

$$P_b = \frac{1}{N-1} \sum_{n=[\,0,\,1,\,3\,]} P_b(n) \approx 2.5 \cdot 10^{-6}\,. \qquad (16.5.17)$$

Es ist deutlich zu erkennen, dass die Gesamtfehlerrate entscheidend durch schlechte Unterträger bestimmt wird.

16.5.3 OFDM-Frequenzgang

a) Die Bandbreite-Effizienz für ein OFDM-System lautet

$$\beta = \frac{T_S}{T_S + T_G}\,, \qquad (16.5.18a)$$

woraus sich die Guardzeit in Abhängigkeit der Kernsymboldauer ergibt

$$T_G = \left(\frac{1}{\beta} - 1\right) T_S\,. \qquad (16.5.18b)$$

Weiter gilt für die OFDM-Kernsymboldauer

$$T_S = \frac{1}{\Delta f} = \frac{N}{B}\,, \qquad (16.5.18c)$$

so dass für die Gesamtsymboldauer folgt

$$T_{OFDM} = T_S + T_G = \frac{T_S}{\beta} = \frac{1}{\beta}\frac{N}{B} = \frac{10}{3}\,\mu s \qquad (16.5.18d)$$

Die Gesamtdatenrate folgt aus der Anzahl gesendeter Bits, $N \log_2(M)$, während der Symboldauer T_{OFDM}.

$$R = \frac{N \log_2(M)}{T_{OFDM}} = 14.4 \text{ Mbit/s}\,. \qquad (16.5.19)$$

b) Die Echolaufzeit des Kanals muss kleiner sein als die Dauer des Guardintervalls, um Intersymbol-Interferenz zwischen benachbarten OFDM-Symbolen zu vermeiden

$$\tau_{\max} \leq T_G = 0.66\,\mu s\,. \qquad (16.5.20)$$

.

c) Laut (16.5.19) folgt

$$N = \frac{R \cdot T_{OFDM}}{\log_2(M)} = 15, \qquad (16.5.21)$$

so dass die gewünschte Datenrate erzielt werden kann, wenn von den 16 verfügbaren Unterträgern ein Unterträger unmoduliert bleibt.

d) Die zeitdiskrete Übertragungsfunktion des Kanals lautet

$$\begin{aligned} H(n) &= \sum_{\ell=0}^{L-1} h(\ell) e^{-j2\pi n\ell/N} \\ &= 1 + 0.5 e^{-j2\pi n/N} \,; \end{aligned} \qquad (16.5.22\text{a})$$

das zugehörige Betragsquadrat ist

$$|H(n)|^2 = 1.25 \cos(2\pi n/N). \qquad (16.5.22\text{b})$$

Abbildung 16.5.2 verdeutlicht, dass der Kanalkoeffizient mit Index $n = 8$ die geringste Leistung aufweist. Daher ist es ratsam, den zugehörigen Unterträger nicht zu modulieren. Davon profitiert die Fehlerwahrscheinlichkeit des Gesamtsystems.

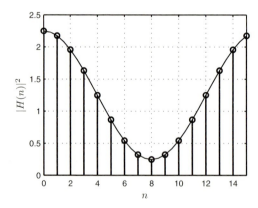

Abbildung 16.5.2: Betragsquadrat der Kanalübertragungsfunktion

16.5.4 Datenraten bei OFDM

a) Um Intersymbol-Interferenz zu vermeiden, wird die Dauer des Guardintervalls identisch zur maximalen Echolaufzeit des Kanals gewählt

$$T_G = \tau_{\max} = 0.8 \; \mu s \, . \qquad (16.5.23a)$$

Außerdem soll die Guardzeit 20% der Gesamtsymboldauer betragen. Letztere beträgt damit

$$T_{OFDM} = \frac{T_G}{0.2} = 4 \; \mu s \, , \qquad (16.5.23b)$$

so dass die Kernsymboldauer gegeben ist mit

$$T_S = T_{OFDM} - T_G = 3.2 \; \mu s \, . \qquad (16.5.23c)$$

Die Bandbreite eines Unterträgers bzw. der gesuchte Subträgerabstand ergibt sich aus der inversen Kersymboldauer

$$\Delta f = \frac{1}{T_S} = \frac{1}{3.2 \cdot 10^{-6} \; \mu s} = 312.5 \; \text{kHz} \, . \qquad (16.5.24)$$

b) Für den S/N-Verlust gilt

$$\gamma_G^2 = \beta = \frac{T_S}{T_S + T_G} = 0.8 \approx -1 \; \text{dB} \, . \qquad (16.5.25)$$

c) Die verfügbare Bandbreite B wird in N Subträger mit Unterträgerabstand Δf aufgeteilt, so dass folgt

$$N = \frac{B}{\Delta f} = 64 \, . \qquad (16.5.26)$$

d) Die Datenrate des OFDM-Systems folgt aus der Anzahl Bits pro OFDM-Symbol, d.h.

$$R = \frac{N \log_2(M)}{T_{\text{OFDM}}} \, . \qquad (16.5.27)$$

Um die erwünschte Datenrate zu erzielen, folgt also für die Anzahl Bits

$$\log_2(M) = \frac{R \cdot T_{\text{OFDM}}}{N} = \frac{32 \cdot 10^6 \cdot 4 \cdot 10^{-6}}{64} = 2 \, . \qquad (16.5.28)$$

Die gesuchte Modulationsform ist QPSK, da hier genau 2 Bits pro Symbol übertragen werden können.

Kapitel 17

Codemultiplex-Übertragung

17.1 Matched-Filter in Codemultiplex-Systemen

Zur Datenübertragung wird ein Codemultiplex-Verfahren benutzt. Abbildung 17.1.1 zeigt den Sendeimpuls eines Nutzers.

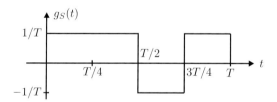

Abbildung 17.1.1: Sendeimpuls eines Nutzers

a) Zeichnen Sie die kausale Impulsantwort des zugehörigen empfangsseitigen Matched-Filters $g_E(t)$.

b) Bestimmen und skizzieren Sie die Gesamtimpulsantwort $g_S(t) * g_E(t)$.

c) Um welchen Faktor reduziert sich das S/N-Verhältnis am Empfangsfilter-Ausgang nach idealer Abtastung, wenn statt des Matched-Filters eine rechteckförmige Impulsantwort der Dauer T und Amplitude $1/T$ eingesetzt wird?

17.2 Interferenz in CDMA-Systemen

Am Eingang eines CDMA-Empfängers liegt die Summe von Datensignalen dreier Nutzer, denen die drei Codes $p^{(1)}(t)$, $p^{(2)}(t)$ und $p^{(3)}(t)$ in Abbildung 17.2.1 zugeordnet sind. Die Signale sind synchron zueinander, die Modulationsform ist jeweils BPSK, und die Symbolrate ist $1/T$. Sie erfahren die gleiche Bewertung durch einen nicht frequenzselektiven Kanal.

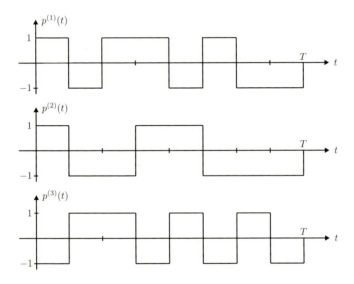

Abbildung 17.2.1: Drei Signaturen

a) Zeichnen Sie das Blockschaltbild einen geeigneten Empfänger zur Detektion des ersten Nutzers mit dem Code $p^{(1)}(t)$.

b) Berechnen Sie für den in Aufgabenteil a) entworfenen Empfänger das S/I-Verhältnis, also das Verhältnis der Nutz- zur Interferenzleistung.

17.3 Korrelation von CDMA-Codesequenzen

Damit zwei Sender gleichzeitig ein einzelnes Symbol $d^{(1)}\in\{-1, 1\}$ bzw. $d^{(2)}\in\{-1, 1\}$ an eine Basisstation übermitteln können, wird das in Abbildung 17.3.1 skizzierte synchrone CDMA System eingesetzt. Am Sender werden die Symbole mit der Codesequenz $p^{(1)}(i)$ bzw. $p^{(2)}(i)$ mit Spreizfaktor $K = 8$ multipliziert. Um am Empfänger die gesendeten Symbole rekonstruieren zu können, wird das empfangene Signal mit der entsprechenden Codesequenz erneut multipliziert und anschließend über K Chip-Takte summiert. Die Code-Sequenz des ersten Senders lautet

$$p^{(1)}(i) = \begin{cases} \{+1,\ -1,\ +1,\ -1,\ +1,\ +1,\ -1,\ +1\ \} & \text{für} \quad 0 \leq i \leq 7 \\ 0 & \text{sonst}. \end{cases}$$

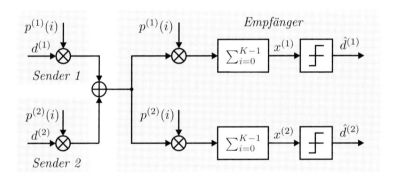

Abbildung 17.3.1: Synchrones CDMA-System für zwei Nutzer

a) Wählen Sie aus den unten angegebenen Sequenzen $p^{(A)}(i)$, $p^{(B)}(i)$ oder $p^{(C)}(i)$ eine geeignete Codesequenz für Sender 2 aus, die einen interferenzfreien Empfang beider Nutzer garantiert.

$$p^{(A)}(i) = \{-1,\ +1,\ +1,\ -1,\ -1,\ -1,\ +1,\ -1\ \} \text{ für } 0 \leq i \leq 7$$
$$p^{(B)}(i) = \{+1,\ +1,\ -1,\ +1,\ -1,\ -1,\ -1,\ +1\ \} \text{ für } 0 \leq i \leq 7$$
$$p^{(C)}(i) = \{+1,\ -1,\ -1,\ -1,\ +1,\ -1,\ -1,\ +1\ \} \text{ für } 0 \leq i \leq 7$$

Für alle drei Sequenzen gilt $p^{(A)}(i) = p^{(B)}(i) = p^{(C)}(i) = 0$ für $0 > i > 7$.

b) Wieviele Sender können mit dem angegebenen Spreizfaktor gleichzeitig mit der Basisstation kommunizieren, ohne sich gegenseitig zu stören?

c) Das Signal des zweiten Senders erreicht nun um 1 Chip-Intervall zeitverzögert den Empfänger gemäß Abbildung 17.3.2. Nehmen Sie an, dass Sender 2 nun die Codesequenz $p^{(A)}(i)$ zur Spreizung der Daten verwendet. Bestimmen Sie das $(S/N)_{\text{MUI}}$ Verhältnis des Signals $x^{(1)} = x_{\text{Signal}} + x_{\text{MUI}}$ nach der Entspreizung, wobei S die Leistung von x_{Signal} und N_{MUI} die Leistung der Mehrnutzerinterferenz x_{MUI} bezeichnet, die durch den Sender 2 verursacht wird.

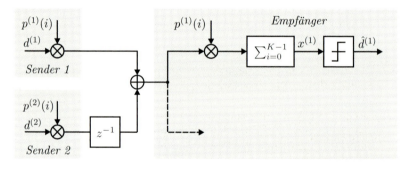

Abbildung 17.3.2: Asynchrones CDMA-System

17.4 Orthogonale Codes in CDMA-Systemen

Gegeben sind die beiden Nutzercodes in Abbildung 17.4.1 zur Anwendung in einem CDMA-Übertragungssystem, wobei T_c die Chipdauer und T die Symboldauer bezeichnet.

a) Zeigen Sie, dass die beiden Codes orthogonal sind.

17.5 Lösungen

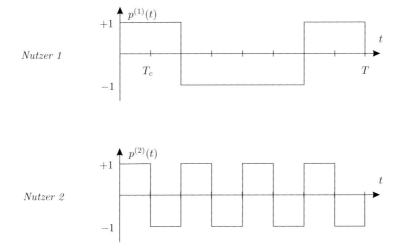

Abbildung 17.4.1: Codesequenzen eines CDMA-Systems

b) Wieviele weitere orthogonale Codesequenzen gleicher Länge existieren? Geben Sie zwei Beispiele.

c) Die beiden Nutzersignale werden asynchron über einen nichtfrequenzselektiven Kanal übertragen; das Signal von Nutzer 2 ist am Empfänger gegenüber dem von Nutzer 1 um einen Chiptakt T_c verzögert. Skizzieren Sie das Signal von Nutzer 2 im Intervall $iT \leq t \leq (i+1)T$ für $d^{(2)}(i) = d^{(2)}(i-1) = 1$ und $d^{(2)}(i) = -d^{(2)}(i-1) = 1$.

d) Berechnen Sie das Korrelator-Ausgangssignal des Nutzers 1 für beide in Aufgabenteil c) angegebenen Fälle für $d^{(1)}(i) = 1$.

17.5 Lösungen

17.5.1 Matched-Filter in Codemultiplex-Systemen

a) Die Impulsantwort des Matched-Filters ist in Abbildung 17.5.1 dargestellt.

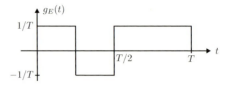

Abbildung 17.5.1: Impulsantwort des empfangsseitgen Matched-Filters

b) Die Gesamtimpulsantwort bestimmt aus der Faltung von Sende- und Empfangsfilter ist in Abbildung 17.5.2 zu sehen.

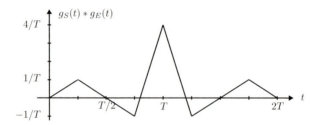

Abbildung 17.5.2: Gesamtimpulsantwort

c) Für $g_E(t) = \text{rect}(t/T)$ ist die Gesamtimpulsantwort in Abbildung 17.5.3 dargestellt. Der Maximalwert der Amplitude wird um den Faktor 2 reduziert. Dies entspricht einer Dämpfung um $20 \cdot \log_{10}(0.5) = 6$ dB.

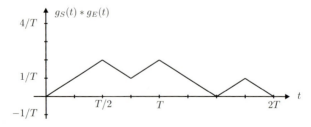

Abbildung 17.5.3: Gesamtimpulsantwort im Falle von nicht angepassten Filtern

17.5.2 Interferenz in CDMA-Systemen

a) Ein möglicher Empfänger ist in Abbildung 17.5.4 dargestellt. Das Empfangssignal wird zunächst mit der Signatur $p^{(1)}(t)$ des ersten Nutzers multipliziert, dann über die Dauer T der Sequenz integriert. Anschließend findet die Datendetektion statt, die im Falle einer BPSK einer Vorzeichenentscheidung entspricht.

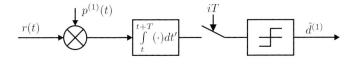

Abbildung 17.5.4: Korrelationsempfänger für den ersten Nutzer

b) Das empfangene Signal besteht aus der Summe dreier Codesequenzen

$$r(t) = \sum_{i=1}^{3} d^{(i)} p^{(i)}(t). \tag{17.5.1}$$

Die Multiplikation mit der Signatur $p^{(1)}(t)$ gefolgt von der Integration ergibt

$$\int_0^T r(t')p^{(1)}(t')dt' = \int_0^T d^{(1)}(p^{(1)}(t'))^2 dt'$$
$$+ \underbrace{\int_0^T d^{(2)}p^{(2)}(t')p^{(1)}(t')\,dt' + \int_0^T d^{(3)}p^{(3)}(t')p^{(1)}(t')\,dt'}_{\text{Rest-Interferenz}} \tag{17.5.2}$$

Die Interferenz vom zweiten Nutzer ist

$$\int_0^T p^{(1)}(t)p^{(2)}(t)dt = T/8(+1+1-1+1-1-1+1+1) = T/4 \tag{17.5.3}$$

und vom dritten Nutzer

$$\int_0^T p^{(1)}(t)p^{(3)}(t)dt = T/8(-1-1+1-1-1-1+1+1) = T/2, \tag{17.5.4}$$

so dass das S/I-Verhältnis gegeben ist durch

$$S/I = \frac{T^2}{(T/4)^2 + (T/2)^2} = 16/5\,. \tag{17.5.5}$$

17.5.3 Korrelation von CDMA-Codesequenzen

a) Die Übertragung kann interferenzfrei erfolgen, wenn die Orthogonalitätsbeziehung

$$\sum_{i=0}^{K-1} p^{(1)}(i) p^{(X)}(i) = 0 \tag{17.5.6}$$

erfüllt ist. Wegen

$$\sum_{i=0}^{K-1} p^{(1)}(i) p^{(A)}(i) = -1 - 1 + 1 + 1 - 1 - 1 - 1 - 1 = -4\,,$$

$$\sum_{i=0}^{K-1} p^{(1)}(i) p^{(B)}(i) = +1 - 1 - 1 - 1 - 1 + 1 + 1 + 1 = 0\,,$$

$$\sum_{i=0}^{K-1} p^{(1)}(i) p^{(C)}(i) = +1 + 1 - 1 + 1 + 1 - 1 + 1 + 1 = 4$$

$$\tag{17.5.7}$$

ist $p^{(B)}(i)$ die gesuchte Sequenz.

b) Wenn man das gesendete Signal in der Form einer Matrix-Vektor-Multiplikation $\mathbf{Pd}$ darstellt, wobei die Spalten von $\mathbf{P}$ den Codesequenzen $p(i)$ und $\mathbf{d} = [d^{(1)}, \cdots, d^{(8)}]^T$ den Sendesymbolen entsprechen, dann besteht die Detektion in der Multiplikation mit der Inversen $\mathbf{P}^{-1}$ bzw. Pseudoinversen $\mathbf{P}^+$. Interferenzfreiheit besteht dann, wenn

$$\mathbf{P}^+\mathbf{P} = \mathbf{I}_K\,, \tag{17.5.8}$$

wobei $\mathbf{I}_K$ der Einheitsmatrix entspricht. Diese Bedingung ist dann erfüllt, wenn $\mathbf{P}$ maximalen Rang hat; letzterer ist im gegeben Fall 8, so dass maximal 8 Nutzer gleichzeitig interferenzfrei übertragen können.

c) Die Interferenzleistung ist gegeben durch

$$\left| \sum_{i=1}^{K-1} p^{(1)}(i) p^{(A)}(i-1) \right|^2 = |1 + 1 - 1 - 1 - 1 + 1 + 1|^2 = 1 \quad (17.5.9)$$

und die Nutzleistung ist

$$\left| \sum_{i=0}^{K-1} p^{(1)}(i) p^{(1)}(i) \right|^2 = 64. \quad (17.5.10)$$

Daher ist das S/I-Verhältnis 64.

17.5.4 Orthogonale Codes in CDMA-Systemen

a) Die Orthogonalität kann durch

$$\int_{iT}^{(i+1)T} p_1(t - iT) p_2(t - iT) dt = \sum_{k=1}^{N_c} \int_{(k-1)T_c + iT}^{kT_c + iT} p_1(t - iT) p_2(t - iT) dt$$
$$= 1 - 1 - 1 + 1 - 1 + 1 + 1 - 1 = 0$$
$$(17.5.11)$$

überprüft werden.

b) Acht verschiedene orthogonale Codes existieren, z.B.

$$p_x(t) = 1 \text{ für } 0 < t < T. \quad (17.5.12a)$$

oder

$$p_y(t) = \begin{cases} 1 & \text{für} \quad 0 < t < T/2 \\ -1 & \text{für} \quad T/2 < t < T \end{cases} \quad (17.5.12b)$$

c) Die verzögerten Signale von Nutzer 2 sind in Abbildung 17.5.5 dargestellt.

$d_2(i-1) = 1$

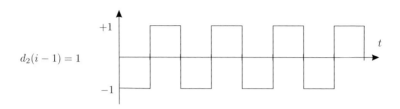

$d_2(i-1) = -1$

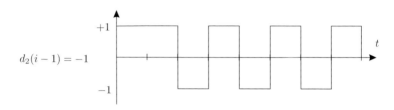

Abbildung 17.5.5: Mögliche Signale von Nutzer 2

d) Für $d_2(i-1) = 1$ gilt

$$\int_{iT}^{T_c+iT} p_1(t-iT) \cdot p_2(t+7T_c-iT)dt$$

$$+ \sum_{k=2}^{N_c} \int_{(k-1)T_c+iT}^{kT_c+iT} p_1(t-iT) \cdot p_2(t-T_c-iT)dt$$

$$= -1+1+1-1+1-1-1 = 0, \quad (17.5.13)$$

d.h. die Orthogonalität bleibt erhalten, während für $d_2(i-1) = -1$

$$\int_{iT}^{T_c+iT} p_1(t-iT) \cdot (-p_2(t+7T_c-iT))dt$$

$$+ \sum_{k=2}^{N_c} \int_{(k-1)T_c+iT}^{kT_c+iT} p_1(t-iT) \cdot p_2(t-T_c-iT)dt$$

$$= +1+1+1-1+1-1-1 = 2. \quad (17.5.14)$$

Hier geht die Orthogonalität verloren, Übersprechen entsteht.

Kapitel 18

Mehrantennensysteme

18.1 Informationstheorie

Das generelle Systemmodell sei

$$\mathbf{y} = \mathbf{H}\mathbf{d} + \mathbf{n}, \qquad (18.1.1)$$

wobei das Rauschen auf die Varianz $\sigma_N^2 = 1$ normiert und die mittlere **gesamte** Sendeleistung beschränkt ist auf $P = \mathrm{E}\{\|\mathbf{d}\|^2\} = \sigma_D^2 = 10$. Weiterhin seien $|h_1|^2 = 1$ und $|h_2|^2 = 0.1$.

a) Berechnen Sie die Kanalkapazität **ohne** Kanalkenntnis am Sender für die folgenden Spezialfälle:

- SIMO mit $\mathbf{H} = \begin{bmatrix} h_1 \\ h_2 \end{bmatrix}$

- MISO mit $\mathbf{H} = \begin{bmatrix} h_1 & h_2 \end{bmatrix}$

- MIMO mit $\mathbf{H} = \begin{bmatrix} h_1 & 0 \\ 0 & h_2 \end{bmatrix}$

b) Es besteht nun Kanalkenntnis am Sender. Bestimmen Sie die minimale Sendeleistung P^*, für die die zweite Antenne im MIMO-Fall angeschaltet wird anhand einer grafischen Waterfilling-Lösung.

c) Berechnen Sie die Kanalkapazität des MIMO-Falls mit Kanalkenntnis am Sender für die gegebene Sendeleistung $P = 10$.

18.2 Beamforming am Sender

In einem MISO-System mit $N_S = 3$ Sendeantennen und einer Empfangsantenne werden QPSK-Daten der Form

$$d(i) \in \sqrt{0.5} \cdot \{+1+j\,,+1-j\,,-1+j\,,-1-j\}$$

mittels Beamforming über einen flachen Kanal mit dem Kanalvektor

$$\mathbf{h} = \begin{pmatrix} 0.7 \\ 0.5 \cdot e^{j\pi/6} \\ 0.4 \cdot j \end{pmatrix} \qquad (18.2.1)$$

übertragen. Die Varianz des Rauschens sei $\sigma_N^2 = 0.05$.

a) Bestimmen Sie den hinsichtlich des Signal-zu-Rausch-Verhältnisses am Empfänger optimalen Beamforming-Vektor.

b) Berechnen Sie das Signal-zu-Rausch-Verhältnis am Empfänger für dem Beamforming-Vektor aus a).

c) Geben Sie die Systemgleichung des äquivalenten SISO-Systems an.

d) Ermitteln Sie die Bitfehlerrate des äquivalenten SISO-Systems. Vergleichen Sie das Ergebnis mit dem aus Aufgabe 15.1c). Nennen Sie den wesentlichen Nachteil von sendeseitigem Beamforming.
Hinweis: Benötigte Werte der erfc-Funktion entnehmen Sie Abbildung 11.2.3 auf S. 113.

18.3 Diversitätsgewinn eines Space-Time Codes

Ein Übertragungssystem mit $N_S = 2$ Sendeantennen und einer Empfangsantenne verwendet einen Space-Time Code nach Alamouti, wie es in Abbildung 18.3.1 dargestellt ist. Die Kanalkoeffizienten h_1, h_2 seien Rayleigh-verteilt und konstant für zwei aufeinanderfolgende Symbole. Die Leistung der antipodalen Sendedaten pro Symboldauer ist

18.3 Diversitätsgewinn eines Space-Time Codes

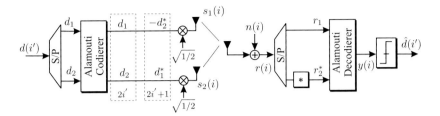

Abbildung 18.3.1: Übertragungssystem mit Space-Time-Codierung nach Alamouti

auf $\sigma_D^2 = 1$ normiert. Am Empfänger wird eine Maximum-Likelihood-Decodierung des Space-Time Codewortes durchgeführt.

a) Zeigen Sie, dass die resultierende Kanalmatrix $\mathbf{H}_{\text{Al}}$ des Alamouti-Codes orthogonale Spalten enthält.

b) Beweisen Sie, dass der Alamouti-Code einen Diversitätsgewinn von $L = 2$ erreicht.

Hinweis: Setzen Sie für den Beweis eine obere Schranke für die Auftrittswahrscheinlichkeit paarweiser, fehlerhafter Ereignisse (*Union Bound*) an.

$$P_e \leq \sum_{i \neq j} P\{\mathbf{D}_i \to \mathbf{D}_j | \mathbf{h}\}, \qquad (18.3.1)$$

wobei $P\{\mathbf{D}_i \to \mathbf{D}_j | \mathbf{h}\}$ die Wahrscheinlichkeit darstellt, dass bei der Übertragung über den Kanal $\mathbf{h}$ ein Alamouti-Codeword $\mathbf{D}_i$ gesendet, aber $\mathbf{D}_j$ empfangen wurde und kein weiteres Symbol existiert. Für die erfc-Funktion gilt eine obere Schranke nach

$$\text{erfc}(x) \leq e^{-x^2}. \qquad (18.3.2)$$

Weiterhin gilt für die momenterzeugende Funktion einer exponentiell verteilten Zufallsvariablen X mit Parameter $k < 1$

$$\mathrm{E}\{e^{kX}\} = \frac{1}{1-k}. \qquad (18.3.3)$$

18.4 Successive Interference Cancellation (SIC)

Zur kabellosen BPSK-Übertragung wird ein V-BLAST-System mit $N_S = N_E = 3$ Antennen eingesetzt, das am Empfänger ein sukzessives Detektionsverfahren verwendet. Der vorliegende flache, zeitinvariante MIMO-Kanal kann durch die Kanalmatrix

$$\mathbf{H} = \begin{pmatrix} 1 & -0.5 & 0.8 \\ 0.4 & 0.5 & 0.2 \\ 1.1 & -1.2 & -0.6 \end{pmatrix} \qquad (18.4.1)$$

beschrieben werden.

a) Bestimmen Sie die QL-Zerlegung der Kanalmatrix $\mathbf{H} = \mathbf{QL}$ mit Hilfe des klassischen Gram-Schmidt-Verfahrens. Dabei stellt $\mathbf{L}$ eine untere Dreiecksmatrix dar.

   Hinweis: In Anhang B.1.9 in [Kam08, S. 763] ist dieses Verfahren für eine QR-Zerlegung mit oberer Dreiecksmatrix wiedergegeben.

b) Geben Sie allgemein für eine QL-basierte Successive Interference Cancellation (SIC)-Detektion den Ausdruck für das Empfangssignal des k-ten Layers vor dem Entscheider an.

c) Skizzieren Sie ein Blockschaltbild des SIC-Detektors unter Verwendung der QL-Zerlegung für das vorliegende MIMO-System.

d) Am Empfänger liegt zum Zeitpunkt i der Empfangsvektor

$$\mathbf{r}(i) = \begin{pmatrix} -0.3 \\ 0.7 \\ 0.5 \end{pmatrix} \qquad (18.4.2)$$

vor. Bestimmen Sie die geschätzten Sendedaten $\hat{\mathbf{d}}(i)$ mit Hilfe der QL-basierten Detektion.

18.5 Lösungen

18.5.1 Informationstheorie

a) Für die Kanalkapazität ohne Kanalkenntnis am Sender gilt im Allgemeinen nach Gleichung (18.1.20) auf S.719 des Lehrbuches

$$C(\mathbf{H}) = \log_2 \left(\det \left(\mathbf{I}_{N_E} + \frac{\sigma_D^2}{\sigma_N^2} \cdot \mathbf{H}\mathbf{H}^H \right) \right). \quad (18.5.1)$$

Wir betrachten nun die drei Fälle getrennt:

- SIMO: Für den Fall $N_S = 1$ und $N_E = 2$ ergibt sich folgende Kanalkapazität

$$\begin{aligned} C(\mathbf{H}) &= \log_2 \left(\det \left(\mathbf{I}_{N_E} + \frac{P}{\sigma_N^2} \cdot \begin{bmatrix} h_1 \\ h_2 \end{bmatrix} [h_1^* \ h_2^*] \right) \right) & (18.5.2\text{a}) \\ &= \log_2 \left(\det \left(\mathbf{I}_{N_E} + 10 \cdot \begin{bmatrix} |h_1|^2 & h_1 h_2^* \\ h_2 h_1^* & |h_2|^2 \end{bmatrix} \right) \right) & (18.5.2\text{b}) \\ &= \log_2 \left(1 + 10 \cdot (|h_1|^2 + |h_2|^2) \right) & (18.5.2\text{c}) \\ &= 3.585\,\text{bit/s/Hz}. & (18.5.2\text{d}) \end{aligned}$$

- MISO: Unter Verwendung von $N_S = 2$ und $N_E = 1$ folgt mit Gleichung (18.5.1) und der Aufteilung der Sendeleistung P auf beide Sendeantennen

$$\begin{aligned} C(\mathbf{H}) &= \log_2 \left(\det \left(\mathbf{I}_{N_E} + \frac{P}{2\sigma_N^2} \cdot [h_1 \ h_2] \begin{bmatrix} h_1^* \\ h_2^* \end{bmatrix} \right) \right) & (18.5.3\text{a}) \\ &= \log_2 \left(1 + 5 \cdot (|h_1|^2 + |h_2|^2) \right) & (18.5.3\text{b}) \\ &= 2.7\,\text{bit/s/Hz}. & (18.5.3\text{c}) \end{aligned}$$

- MIMO: Für den MIMO-Fall muss die Aufteilung der Sendeleistung wie im MISO-Fall berücksichtigt werden. Dann berechnet sich die Kapazität zu

$$C(\mathbf{H}) = \log_2\left(\det\left(\mathbf{I}_{N_E} + \frac{P}{2\sigma_N^2} \cdot \begin{bmatrix} h_1 & 0 \\ 0 & h_2 \end{bmatrix}\begin{bmatrix} h_1^* & 0 \\ 0 & h_2^* \end{bmatrix}\right)\right) \quad (18.5.4a)$$

$$= \log_2\left(\det\left(\begin{bmatrix} 1+5\cdot|h_1|^2 & 0 \\ 0 & 1+5\cdot|h_2|^2 \end{bmatrix}\right)\right) \quad (18.5.4b)$$

$$= 3.167\,\text{bit/s/Hz}. \quad (18.5.4c)$$

b) Die Herleitung der Waterfilling-Lösung ist in Abschnitt 18.3.1 auf S.734 des Lehrbuches beschrieben. Dabei wird in dieser Teilaufgabe der zweiten Antenne Leistung zugeteilt, wenn nach dem Waterfilling-Prinzip der kritische Waterfilling-Level Θ^* exakt das inverse Signal-zu-Störverhältnis der zweiten Antenne erreicht. Dies ist in Abbildung 18.5.1 verdeutlicht. Im weiteren Verlauf wird die Leistung der Sendedaten zu $\sigma_D^2 = 1$ gesetzt.

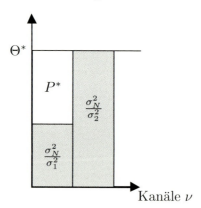

Abbildung 18.5.1: Graphische Waterfilling-Lösung

Für den Spezialfall des MIMO-Kanals aus der Aufgabenstellung entsprechen die quadrierten Singulärwerte den quadrierten Kanalkoeffizienten. Damit lässt sich für die minimale Sendeleistung Folgendes ermitteln:

$$P^* = \frac{\sigma_N^2}{\sigma_2^2} - \frac{\sigma_N^2}{\sigma_1^2} = \frac{1}{|h_2|^2} - \frac{1}{|h_1|^2} = 10 - 1 = 9 \quad (18.5.5)$$

c) Zur Berechnung der Kanalkapazität mit perfekter Kanalkentnnis muss die Waterfilling-Lösung für beide Subkanäle bestimmt werden. Dies geschieht unter Berücksichtigung der Gesamtsendeleistung

$$\sum_{i=1}^{2} p_i = P, \quad (18.5.6)$$

die nicht überschritten werden darf. Mit der Waterfilling-Lösung nach Gleichung (18.3.4c) und Gleichung (18.3.5) auf S.734f des Lehrbuches ergibt sich dann mit Gleichung (18.5.6)

$$\left(\Theta - \frac{1}{|h_1|^2}\right) + \left(\Theta - \frac{1}{|h_2|^2}\right) = P \quad (18.5.7a)$$

$$\Theta = \frac{P + \frac{1}{|h_1|^2} + \frac{1}{|h_2|^2}}{2} = \frac{10 + 10 + 1}{2} = 10.5 \quad (18.5.7b)$$

Dabei ergeben sich die einzelnen Subkanalleistungen zu $p_1 = (10.5 - 1) = 9.5$ und $p_2 = (10.5 - 10) = 0.5$. Die Kanalkapazität folgt dann aus der Summe der parallelen Subkanäle.

$$C(\mathbf{H})|_{CSI} = \sum_{\nu=1}^{N_S} \log_2\left(1 + p_\nu |h_\nu|^2 \frac{\sigma_D^2}{\sigma_N^2}\right) \quad (18.5.8a)$$

$$= \log_2\left(1 + 9.5 \cdot |h_1|^2\right) + \log_2\left(1 + 0.5 \cdot |h_2|^2\right) \quad (18.5.8b)$$

$$= 3.463\,\text{bit/s/Hz}. \quad (18.5.8c)$$

18.5.2 Beamforming am Sender

a) Der optimale Beamforming-Vektor kann nach Gleichung (18.2.4a) in [Kam08, S. 724] bestimmt werden zu

$$\mathbf{v} = \frac{\mathbf{h}^*}{\|\mathbf{h}\|} = \frac{1}{0.9487}\begin{pmatrix} 0.7 \\ 0.5 \cdot e^{-j\pi/6} \\ -0.4 \cdot j \end{pmatrix} = \begin{pmatrix} 0.7379 \\ 0.527 \cdot e^{-j\pi/6} \\ -0.4216 \cdot j \end{pmatrix},$$
(18.5.9)

unter der Annahme, dass die gemeinsame Phase $\psi = 0$ ist. Die Matrixnorm $\|\mathbf{h}\|$ kann z.B. mit Gleichung (B.1.3c) in [Kam08] berechnet werden.

b) Das Signal-zu-Rausch-Verhältnis am Empfänger kann bestimmt werden zu
$$\left.\frac{S}{N}\right|_{BF} = \frac{||\mathbf{h}^T\mathbf{s}(i)||^2}{\sigma_N^2}, \qquad (18.5.10)$$
wenn $\mathbf{s}(i) = \mathbf{v}\,d(i)$ der vorcodierte Sendevektor mit $\sigma_D^2 = 1$ ist. Unter Verwendung der Cauchy-Schwarz-Ungleichung kann eine obere Schranke der Form
$$\frac{||\mathbf{h}^T\mathbf{s}(i)||^2}{\sigma_N^2} \leq \frac{||\mathbf{h}||^2||\mathbf{s}(i)||^2}{\sigma_N^2}, \qquad (18.5.11)$$
eingeführt werden. Setzt man Gleichung (18.5.9) in (18.5.11) ein, dann ist das Gleichheitszeichen erfüllt und man erreicht das maximale Signal-zu-Rausch-Verhältnis. Dieses lässt sich dann bestimmen zu
$$\left.\frac{S}{N}\right|_{BF} = \frac{||\mathbf{h}^T \frac{\mathbf{h}^*}{||\mathbf{h}||}||^2}{\sigma_N^2} = \frac{||\mathbf{h}||^2}{\sigma_N^2} = 18 \,\hat{=}\, 12.6\,\text{dB}. \qquad (18.5.12)$$

c) Das äquivalente SISO-System lässt sich einfach berechnen zu
$$y(i) = \mathbf{h}^T \frac{\mathbf{h}^*}{||\mathbf{h}||} d(i) + n(i) \qquad (18.5.13a)$$
$$= ||\mathbf{h}||\,d(i) + n(i) = \tilde{h}\,d(i) + n(i)\,, \qquad (18.5.13b)$$
mit dem Kanalkoeffizienten $\tilde{h} = ||\mathbf{h}|| = 0.9487$.

d) Zur Berechnung der Bitfehlerrate kann nach Aufgabe 15.1 Gleichung (15.3.8) verwendet werden. Das dafür benötigte S/N-Verhältnis kann aus Teilaufgabe b) genommen werden oder für das äquivalente SISO-System zu $|\tilde{h}|^2/\sigma_N^2 = 18$ bestimmt werden. Damit erhält man mit
$$P_{b,\text{QPSK}} = \frac{1}{2}\cdot\text{erfc}\left(\sqrt{\frac{S/N\,|_{BF}}{2}}\right). \qquad (18.5.14)$$
und unter Zuhilfenahme von Abbildung 11.2.3 eine Bitfehlerrate von $P_{b,\text{QPSK}} \approx 1.1\cdot 10^{-5}$. Dies ist identisch mit der Bitfehlerrate aus Aufgabe 15.1c). Beamforming am Sender kann demnach als Maximum Ratio Combining am Sender interpretiert werden. Der wesentliche Nachteil ist jedoch der Bedarf der Kenntnis des Kanals $\mathbf{h}$ am Sender, der den zusätzlichen Aufwand eines Rückkanals erfordert.

18.5.3 Diversitätsgewinn eines Space-Time Codes

a) Die Empfangsssignale über zwei Zeitschlitze lauten zunächst

$$r_1 = \frac{1}{\sqrt{2}}(h_1 d_1 + h_2 d_2) + n_1,$$
$$r_2 = \frac{1}{\sqrt{2}}(h_1(-d_2^*) + h_2 d_1^*) + n_2. \quad (18.5.15)$$

Der Faktor $1/\sqrt{2}$ bewirkt eine Normierung der Sendeleistung auf Eins. Da man an der Detektion der Daten d_1 und d_2 interessiert ist, kann man Gleichung (18.5.15) auch darstellen durch

$$\mathbf{r} = \begin{pmatrix} r_1 \\ r_2^* \end{pmatrix} = \frac{1}{\sqrt{2}} \underbrace{\begin{pmatrix} h_1 & h_2 \\ h_2^* & -h_1^* \end{pmatrix}}_{\mathbf{H}_{Al}} \begin{pmatrix} d_1 \\ d_2 \end{pmatrix} + \begin{pmatrix} n_1 \\ n_2^* \end{pmatrix} \quad (18.5.16)$$

mit der Kanalmatrix $\mathbf{H}_{Al}$. Zu beweisen ist die Orthogonalität der Spalten dieser Matrix. Dazu ist zu zeigen, dass $\mathbf{H}_{Al}^H \mathbf{H}_{Al}$ eine skalierte Einheitsmatrix ist.

$$\mathbf{H}_{Al}^H \mathbf{H}_{Al} = \begin{pmatrix} h_1^* & h_2 \\ h_2^* & -h_1 \end{pmatrix} \begin{pmatrix} h_1 & h_2 \\ h_2^* & -h_1^* \end{pmatrix} \quad (18.5.17a)$$

$$= \begin{pmatrix} h_1^* h_1 + h_2 h_2^* & h_1^* h_2 - h_2 h_1^* \\ h_2^* h_1 - h_1 h_2^* & h_2^* h_2 + h_1 h_1^* \end{pmatrix} \quad (18.5.17b)$$

$$= \left[|h_1|^2 + |h_2|^2 \right] \cdot \mathbf{I}_2. \quad (18.5.17c)$$

Aufgrund der damit bewiesenen Orthogonalität der Spalten, kann man am Empfänger eine vereinfachte Maximum-Likelihood-Detektion durchführen. Multipliziert man nämlich den Empfangsvektor mit der transjugierten Kanalmatrix, so ergibt sich

$$\mathbf{y} = \mathbf{H}_{Al}^H \mathbf{r} = \frac{1}{\sqrt{2}} \left[|h_1|^2 + |h_2|^2 \right] \cdot \begin{pmatrix} d_1 \\ d_2 \end{pmatrix} + \underbrace{\mathbf{H}_{Al}^H \begin{pmatrix} n_1 \\ n_2^* \end{pmatrix}}_{\tilde{\mathbf{n}}},$$

$$(18.5.18)$$

Dividiert man nach der Entnormierung mit dem Faktor $\sqrt{2}$ durch den Faktor $|h_1|^2 + |h_2|^2$, so erhält man automatisch die ML-Schätzwerte für d_1 und d_2.

b) Unter Berücksichtigung des vorgeschlagenen Ansatzes aus Gleichung (18.3.1), schaut man sich die paarweise Fehlerwahrscheinlichkeit für zwei bestimmte Space-Time Codewörter $\mathbf{D}_i$ und $\mathbf{D}_j$ an. Das Empfangssignal in Vektor-Matrix-Notation unter der Bedingung, dass $\mathbf{D}_i$ gesendet wurde, hat die Form

$$\mathbf{r}_i = \mathbf{h}^T \mathbf{D}_i + \mathbf{n}_i \,, \qquad (18.5.19)$$

wobei für den Kanalvektor $\mathbf{h} = [h_1 \,,\, h_2]^T$ gilt. Der Maximum-Likelihood-Detektor führt eine Entscheidung bezüglich der minimalen quadratischen Euklidschen Distanz durch. Dann lässt sich für die paarweise Fehlerwahrscheinlichkeit schreiben

$$P\{\mathbf{D}_i \to \mathbf{D}_j | \mathbf{h}\} = P\left\{ ||\mathbf{r}_i - \mathbf{h}^T \mathbf{D}_i||^2 - ||\mathbf{r}_i - \mathbf{h}^T \mathbf{D}_j||^2 < 0 | \mathbf{h} \right\}$$
$$(18.5.20)$$

Gleichung (18.5.20) lässt sich umschreiben zu

$$P\{\mathbf{D}_i \to \mathbf{D}_j | \mathbf{h}\}$$
$$= P\left\{ (\mathbf{r}_i - \mathbf{h}^T \mathbf{D}_i)(\mathbf{r}_i - \mathbf{h}^T \mathbf{D}_i)^H - (\mathbf{r}_i - \mathbf{h}^T \mathbf{D}_j)(\mathbf{r}_i - \mathbf{h}^T \mathbf{D}_j)^H < 0 | \mathbf{h} \right\}$$
$$= P\left\{ \mathbf{n}_i \mathbf{n}_i^H - (\mathbf{h}^T (\mathbf{D}_i - \mathbf{D}_j) + \mathbf{n}_i)(\mathbf{h}^T (\mathbf{D}_i - \mathbf{D}_j) + \mathbf{n}_i)^H < 0 | \mathbf{h} \right\}$$
$$= P\left\{ ||\mathbf{h}^H (\mathbf{D}_i - \mathbf{D}_j)||^2 + X > 0 | \mathbf{h} \right\}$$
$$= P\left\{ X > ||\mathbf{h}^H (\mathbf{D}_j - \mathbf{D}_i)||^2 | \mathbf{h} \right\} \qquad (18.5.21)$$

mit der Variablen $X = \mathbf{n}_i^H (\mathbf{D}_j - \mathbf{D}_i)^H \mathbf{h} + \mathbf{h}^H (\mathbf{D}_j - \mathbf{D}_i) \mathbf{n}_i$. X ist wie das ursprüngliche Rauschen immer noch eine Mittelwert-freie Gaußsche Variable mit einer Varianz von $2 \cdot \sigma_N^2 ||\mathbf{h}^H (\mathbf{D}_j - \mathbf{D}_i)||^2$. Dies folgt aus der Annahme, dass sowohl $\mathbf{h}$ als auch $(\mathbf{D}_j - \mathbf{D}_i)$ konstant sind.

Die paarweise Fehlerwahrscheinlichkeit zweier Space-Time Codewörter unter der Bedingung, dass über den Kanal $\mathbf{h}$ übertragen wurde, lässt sich mit Hilfe der komplementären Gaußschen Fehlerfunktion

$$\operatorname{erfc}(x) = 1 - \frac{2}{\sqrt{\pi}} \int_x^\infty \mathrm{e}^{-y^2} \, dy \qquad (18.5.22)$$

schreiben zu

$$P\{\mathbf{D}_i \to \mathbf{D}_j | \mathbf{h}\} = \frac{1}{2} \cdot \text{erfc}\left(\sqrt{\frac{||\mathbf{h}^H(\mathbf{D}_j - \mathbf{D}_i)||^2}{2 \cdot \sigma_N^2}}\right). \quad (18.5.23)$$

Für ein antipodales Datensignal und der Mittelung über alle Kanalrealisierungen folgt für den Ausdruck der paarweisen Fehlerwahrscheinlichkeit

$$P\{\mathbf{D}_i \to \mathbf{D}_j\} =$$

$$\mathrm{E}\left\{\frac{1}{2} \cdot \text{erfc}\left(\sqrt{\frac{\frac{S}{N} \cdot \mathbf{h}^H(\mathbf{D}_j - \mathbf{D}_i)(\mathbf{D}_j - \mathbf{D}_i)^H \mathbf{h}}{2}}\right)\right\}, \quad (18.5.24)$$

wobei S/N das empfangsseitige S/N-Verhältnis am Ausgang des Matched-Filters gemäß Gleichung (8.3.11) in [Kam08, S. 255] beschreibt. Die Matrix $(\mathbf{D}_j - \mathbf{D}_i)(\mathbf{D}_j - \mathbf{D}_i)^H$ ist hermitesch und kann daher diagonalisiert werden, indem eine Eigenwertzerlegung nach Gleichung (B.1.18) im Anhang des Lehrbuches durchgeführt wird. Dann ist $(\mathbf{D}_j - \mathbf{D}_i)(\mathbf{D}_j - \mathbf{D}_i)^H = \mathbf{U}\mathbf{\Lambda}\mathbf{U}^H$ charakterisiert durch eine unitäre Matrix $\mathbf{U}$ und eine Diagonalmatrix $\mathbf{\Lambda}$ bestehend aus den Eigenwerten der Codewortdifferenzmatrix λ_ℓ.

Mit Hilfe der Gleichungen (18.3.2) und (18.3.3) und unter Berücksichtigung, dass die Koeffizienten $\tilde{\mathbf{h}} = \mathbf{U}\mathbf{h}$ weiterhin Gaußverteilte Zufallsvariablen sind, lässt sich Gleichung (18.5.24) schreiben zu

$$P\{\mathbf{D}_i \to \mathbf{D}_j\} \leq \mathrm{E}\left\{\frac{1}{2} \cdot \exp\left(-\frac{\frac{S}{N} \cdot \sum_{\ell=1}^{2}\left|\tilde{h}_\ell\right|^2 \lambda_\ell}{4}\right)\right\} \quad (18.5.25a)$$

$$= \prod_{\ell=1}^{2} \frac{1}{1 + \frac{S}{N} \cdot \lambda_\ell/4}. \quad (18.5.25b)$$

Um den Diversitätsgewinn zu erhalten, schätzen wir Gleichung (18.5.25b) für ein hohes Signal-zu-Rausch-Verhältnis ab. Dann entfällt die Eins im Nenner, und man erhält

$$P\{\mathbf{D}_i \to \mathbf{D}_j\} \leq \frac{4^2}{\left(\frac{S}{N}\right)^2 \prod_{\ell=1}^{2} \lambda_\ell}. \quad (18.5.26)$$

Gleichung (18.5.26) sagt aus, dass sich die Fehlerwahrscheinlichkeit mit steigendem S/N-Verhältnis quadratisch verringert. Diese Beziehung weist auf den Diversitätsgrad von 2 hin. Dies ist z.B. in [Kam08, S. 574] erläutert.

Bezüglich dieses Aufgabenteils finden sich in der Literatur zahlreiche ähnliche Betrachtungen und Herleitungen [BCC+07, TV05].

18.5.4 Successive Interference Cancellation (SIC)

a) Zur Durchführung des klassischen Gram-Schmidt-Verfahrens nutzen wir die Vektornotation

$$(\mathbf{a}_1 \ldots \mathbf{a}_n) = (\mathbf{q}_1 \ldots \mathbf{q}_n) \cdot \begin{pmatrix} l_{1,1} & & 0 \\ l_{2,1} & l_{2,2} & \\ l_{3,1} & l_{3,2} & l_{3,3} \end{pmatrix}. \quad (18.5.27)$$

Dabei sind die orthogonalen Vektoren $\mathbf{q}_i$ die Spalten der Matrix $\mathbf{Q}$. Die Vektoren $\mathbf{a}_i$ entsprechen den Spalten der Matrix $\mathbf{H}$. Dabei gilt bei der QL-Zerlegung für die Spaltenvektoren $\mathbf{a}_i$ der Zusammenhang

$$\mathbf{a}_i = \sum_{\nu=i}^{N_S} l_{\nu,i}\,\mathbf{q}_\nu. \quad (18.5.28)$$

Mit Gleichung (18.5.28) lässt sich die Gram-Schmidt-Orthogonalisierung durchführen. Dabei wird die Notation in Anlehnung an den Anhang B.1.9 in [Kam08, S. 764] verwendet.

1. $\mathbf{a}_3 = l_{33}\,\mathbf{q}_3$ $\quad\rightarrow\quad l_{33} = \|\mathbf{a}_3\|;\ \mathbf{q}_3 = \mathbf{a}_3/l_{33}$

2. $\mathbf{a}_2 = l_{32}\mathbf{q}_3 + l_{22}\mathbf{q}_2$;

   $\mathbf{q}_3^H \mathbf{a}_2 = l_{32}\underbrace{\mathbf{q}_3^H\mathbf{q}_3}_{1} + l_{22}\underbrace{\mathbf{q}_3^H\mathbf{q}_2}_{0}$ $\quad\rightarrow\quad l_{32} = \mathbf{q}_3^H\mathbf{a}_2$,

   $\mathbf{a}_2' \stackrel{\Delta}{=} \mathbf{a}_2 - l_{32}\mathbf{q}_3 = l_{22}\mathbf{q}_2$ $\quad\rightarrow\quad l_{22} = \|\mathbf{a}_2'\|;\ \mathbf{q}_2 = \mathbf{a}_2'/l_{22}$

3. $\mathbf{a}_1 = l_{31}\mathbf{q}_3 + l_{21}\mathbf{q}_2 + l_{11}\mathbf{q}_1$; $\quad\rightarrow\quad l_{31} = \mathbf{q}_3^H\mathbf{a}_1$;

   $\quad\rightarrow\quad l_{21} = \mathbf{q}_2^H\mathbf{a}_1$

   $\mathbf{a}_1' \stackrel{\Delta}{=} \mathbf{a}_1 - l_{31}\mathbf{q}_3 - l_{21}\mathbf{q}_2 = l_{11}\mathbf{q}_1$ $\quad\rightarrow\quad l_{11} = \|\mathbf{a}_1'\|;\ \mathbf{q}_1 = \mathbf{a}_1'/l_{11}$

Die Spaltenvektoren $\mathbf{a}_i$ sind hier durch die Spalten der Kanalmatrix $\mathbf{H}$ zu ersetzen. Die vollständige QL-Zerlegung nach Berechnung aller Vektoren $\mathbf{q}_\nu$ und aller Koeffizienten $l_{\nu,i}$ lässt sich dann zu

$$\mathbf{H} = \mathbf{QL} = \begin{pmatrix} 0.04 & 0.62 & 0.78 \\ 0.93 & -0.32 & 0.20 \\ 0.37 & 0.72 & -0.59 \end{pmatrix} \begin{pmatrix} 0.82 & 0 & 0 \\ 1.28 & -1.33 & 0 \\ 0.22 & 0.41 & 1.02 \end{pmatrix} \quad (18.5.29)$$

formulieren. Die Elemente der Matrizen $\mathbf{Q}$ und $\mathbf{L}$ sind aus Gründen der Übersicht auf die zweite Nachkommastelle gerundet. Bedenken Sie, dass dadurch die Beziehungen $\mathbf{Q}^H \mathbf{Q} = \mathbf{I}_{N_S}$ bzw. $\mathbf{H} = \mathbf{QL}$ nicht exakt erfüllt sind. Für die Berechnungen in Teilaufgabe d) entstehen hiermit allerdings keine Folgefehler!

b) Für den Empfangsvektor gilt allgemein nach Gleichung (18.3.15a) in [Kam08, S. 741] in Matrixschreibweise

$$\mathbf{y}(i) = \mathbf{Q}^H \mathbf{r}(i) = \mathbf{L}\,\mathbf{d}(i) + \underbrace{\mathbf{Q}^H \mathbf{n}(i)}_{\tilde{\mathbf{n}}(i)}. \quad (18.5.30)$$

Für das i-te Symbol des k-ten Layers lässt sich dann schreiben

$$y_k(i) = l_{k,k}\,d_k(i) + \sum_{\nu=1}^{k-1} l_{k,\nu}\,d_\nu(i) + \tilde{n}_k(i)\,. \quad (18.5.31)$$

Für diese Aufgabe ist der Zusammenhang aus Gleichung (18.5.31) in Matrixschreibweise übersichtlich in Gleichung (18.5.32) dargestellt.

$$\begin{pmatrix} y_1(i) \\ y_2(i) \\ y_3(i) \end{pmatrix} = \begin{pmatrix} l_{1,1} & & \mathbf{0} \\ l_{2,1} & l_{2,2} & \\ l_{3,1} & l_{3,2} & l_{3,3} \end{pmatrix} \begin{pmatrix} d_1(i) \\ d_2(i) \\ d_3(i) \end{pmatrix} + \begin{pmatrix} \tilde{n}_1(i) \\ \tilde{n}_2(i) \\ \tilde{n}_3(i). \end{pmatrix}. \quad (18.5.32)$$

c) Das aus dem vorherigen Aufgabenteil abgeleitete Blockschaltbild ist in Abbildung 18.5.2 zu sehen.

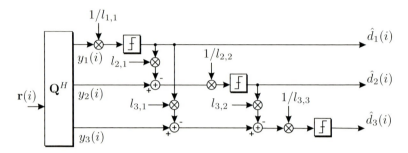

Abbildung 18.5.2: QL-basierter SIC-Detektor für ein System mit $N_S = N_E = 3$

d) Bevor die Iterationsschritte der QL-basierten Detektion ausgeführt werden können, muss der Empfangsvektor mit $\mathbf{Q}^H$ multipliziert werden. Diese Vorgehensweise ist u.a. in [Kam08, S. 741] erläutert. Somit ergibt sich für den modifizierten Empfangsvektor $\mathbf{y}(i)$

$$\mathbf{y}(i) = \mathbf{Q}^H \mathbf{r}(i) \qquad (18.5.33)$$

$$= \begin{pmatrix} 0.04 & 0.62 & 0.78 \\ 0.93 & -0.32 & 0.20 \\ 0.37 & 0.72 & -0.59 \end{pmatrix} \begin{pmatrix} -0.3 \\ 0.7 \\ 0.5 \end{pmatrix} = \begin{pmatrix} 0.82 \\ -0.05 \\ -0.39 \end{pmatrix}.$$

Für das Empfangsssymbol des ersten Layers gilt nach Gleichung (18.5.31)

$$y_1(i) = l_{1,1}\, d_1(i). \qquad (18.5.34)$$

Demnach folgt für das geschätzte Empfangssymbol am Ausgang des Entscheiders

$$\hat{d}_1(i) = \mathcal{Q}\left\{\frac{y_1(i)}{l_{1,1}}\right\} = \mathcal{Q}\left\{\frac{0.82}{0.82}\right\} = 1 \qquad (18.5.35)$$

Die geschätzte, durch den ersten Layer enstandene Interferenz muss nun vom zweiten Layer abgezogen werden, um das geschätzte, interferenzfreie Empfangssignal des zweiten Layers zu erhalten. Dies wird dann mit dem zweiten Diagonalelement $l_{2,2}$ skaliert. Es ergibt

18.5 Lösungen

sich

$$y_2(i) = l_{2,2}\, d_2(i) + l_{2,1}\, \hat{d}_1(i) \tag{18.5.36a}$$

$$\hat{d}_2(i) = \mathcal{Q}\left\{\frac{y_2(i) - l_{2,1}\, \hat{d}_1(i)}{l_{2,2}}\right\} \tag{18.5.36b}$$

$$= \mathcal{Q}\left\{\frac{-0.05 - 1 \cdot 1.28}{-1.33}\right\} = 1\,. \tag{18.5.36c}$$

Entsprechend folgt für das dritte Empfangssymbol

$$y_3(i) = l_{3,3}\, d_3(i) + l_{3,2}\, \hat{d}_2(i) + l_{3,1}\, \hat{d}_1(i) \tag{18.5.37a}$$

$$\hat{d}_3(i) = \mathcal{Q}\left\{\frac{y_3(i) - l_{3,2}\, \hat{d}_2(i) - l_{3,1}\, \hat{d}_1(i)}{l_{3,3}}\right\} \tag{18.5.37b}$$

$$= \mathcal{Q}\left\{\frac{-0.39 - 1 \cdot 0.41 - 1 \cdot 0.22}{1.02}\right\} = -1\,, \tag{18.5.37c}$$

so dass sich der geschätzte Empfangsvektor nach der QL-basierten SIC für den Zeitpunkt i zu

$$\mathbf{d}(i) = [\,1\ \ 1\ \ -1\,]^T \tag{18.5.38}$$

ergibt.

Ausgewählte Lehrbücher

[AJ05]   J. B. Anderson und R. Johannesson. *Understanding Information Transmission*. Wiley & Sons, 1. Auflage, 2005.

[And05] J. B. Anderson. *Digital Transmission Engineering*. Wiley-IEEE Press, 2. Auflage, 2005.

[Ant95] H. Anton. *Lineare Algebra*. Spektrum, Heidelberg, 1995.

[BB99]   S. Benedetto und E. Biglieri. *Principles of Digital Transmission: With Wireless Applications*. Kluwer Academic Publishers, Norwell, MA, USA, 1999.

[BBC87] S. Benedetto, E. Biglieri, und V. Castellani. *Digitial Transmission Theory*. Prentice-Hall, Englewood Cliffs, New Jersey, 1987.

[BCC$^+$07] E. Biglieri, R. Calderbank, A. Constantinides, A. Goldsmith, A. Paulraj, und H. V. Poor. *MIMO Wireless Communications*. Cambridge University Press, 2007.

[Bos99] M. Bossert. *Channel Coding for Telecommunications*. Wiley, 1999.

[BS00]   I. N. Bronstein und K. A. Semendjajew. *Taschenbuch der Mathematik*. Harri Deutsch Verlag, 5. Auflage, 2000.

[BV04]   S. P. Boyd und L. Vandenberghe. *Convex Opimization*. Cambridge University Press, 2004.

[CT06]   T. M. Cover und J. A. Thomas. *Elements of Information Theory*. Wiley-Interscience, 2. Auflage, Juli 2006.

[Fis02] R. F. H. Fischer. *Precoding and Signal Shaping for Digital Transmission*. Wiley & Sons, New York, 2002.

[Fli91] N. Fliege. *Systemtheorie*. Teubner-Verlag, Stuttgart, 1991.

[GL96]   G. H. Golub und C. Van Loan. *Matrix Computations*. John Hopkins University, Maryland, 3. Auflage, 1996.

[GRS05] B. Girod, R. Rabenstein, und A. Stenger. *Einführung in die Systemtheorie*. B.G. Teubner, Stuttgart, 3. Auflage, 2005.

[Hay01] S. Haykin. *Communication Systems*. Wiley, 4. Auflage, 2001.

[Hay02] S. Haykin. *Adaptive Filter Theory*. Prentice Hall, New Jersey, 4. Auflage, 2002.

[HWY02] L. Hanzo, C. H. Wong, und M. S. Yee. *Adaptive Wireless Transceivers*. Wiley & Sons, New York, 2002.

[Kam08] K.-D. Kammeyer. *Nachrichtenübertragung*. B.G. Teubner, Reihe Informationstechnik, 4 Auflage, März 2008.

[Küh06] V. Kühn. *Wireless Communications over MIMO Channels: Applications to CDMA and Multiple Antenna Systems*. Wiley, 2006.

[KK01] K.-D. Kammeyer und V. Kühn. *MATLAB in der Nachrichtentechnik*. J. Schlembach Fachverlag, Weil der Stadt, 2001.

[KK06] K.-D. Kammeyer und K. Kroschel. *Digitale Signalverarbeitung - Filterung und Spektralanalyse*. B.G. Teubner, Studienbücher Elektrotechnik, 6 Auflage, Jan. 2006.

[LSG03] E. G. Larsson, P. Stoica, und G. Ganesan. *Space-Time Block Coding for Wireless Communications*. Cambridge University Press, 2003.

[Pap02] A. Papoulis. *Probability, Random Variables, and Stochastic Processes*. McGraw-Hill, New York, 4. Auflage, 2002.

[PNG03] A. Paulraj, R. Nabar, und D. Gore. *Introduction to Space-Time Wireless Communications*. Cambridge University Press, 2003.

[Pro01] J. G. Proakis. *Digital Communications*. McGraw-Hill, New York, 4. Auflage, 2001.

[PS02] J. G. Proakis und M. Salehi. *Communication System Engineering*. Prentice Hall, New Jersey, 2002.

[Rap01] T. Rappaport. *Wireless Communications: Principles and Practice*. Prentice Hall PTR, Upper Saddle River, NJ, USA, 2001.

[Skl01] B. Sklar. *Digital Communications: Fundamentals and Applications*. Prentice-Hall, 2. Auflage, 2001.

[SL05] H. Schulze und C. Lüders. *OFDM and CDMA - Wideband Wireless Communications*. Wiley & Sons, New York, 2005.

[TV05] D. Tse und P. Viswanath. *Fundamentals of Wireless Communication*. Cambridge University Press, New York, NY, USA, 2005.

[Ver98] S. Verdú. *Multiuser Detection*. Cambridge University Press, Cambridge, 1998.

Informationstechnik

Frey, Thomas / Bossert, Martin
Signal- und Systemtheorie
2., korr. Aufl. 2008. XII, 360 S. mit 117 Abb. u. 26 Tab. Br. EUR 34,90
ISBN 978-3-8351-0249-1

Kammeyer, Karl Dirk
Nachrichtenübertragung
4., neu bearb. und erg. Aufl. 2008. XVI, 845 S. mit 468 Abb. u. 35 Tab.
(Informationstechnik) Br. EUR 59,90
ISBN 978-3-8351-0179-1

Girod, Bernd / Rabenstein, Rudolf / Stenger, Alexander K. E.
Einführung in die Systemtheorie
Signale und Systeme in der Elektrotechnik und Informationstechnik
4., durchges. und akt. Aufl. 2007. XII, 433 S. mit 388 Abb. u. 113 Beisp.
sowie über 200 Übungsaufg. Br. EUR 41,90
ISBN 978-3-8351-0176-0

Werner, Martin
Digitale Signalverarbeitung mit MATLAB-Praktikum
Zustandsraumdarstellung, Lattice-Strukturen, Prädiktion und adaptive Filter
2008. X, 222 S. mit 118 Abb., 29 Tab. u. zahlr. Praxisbeisp.
(Studium Technik) Br. EUR 19,90
ISBN 978-3-8348-0393-1

**VIEWEG+
TEUBNER**

Abraham-Lincoln-Straße 46
65189 Wiesbaden
Fax 0611.7878-400
www.viewegteubner.de

Stand Januar 2009.
Änderungen vorbehalten.
Erhältlich im Buchhandel oder im Verlag.

Informationstechnik

Fricke, Klaus
Digitaltechnik
Lehr- und Übungsbuch für
Elektrotechniker und Informatiker
5., verb. u. akt. Aufl. 2007. XII, 318 S.
mit 210 Abb. u. 103 Tab. Br. EUR 26,90
ISBN 978-3-8348-0241-5

Kark, Klaus W.
Antennen und Strahlungsfelde
Elektromagnetische Wellen auf
Leitungen, im Freiraum und ihre
Abstrahlung
2., überarb. u. erw. Aufl. 2006. XVI,
424 S. mit 253 Abb. u. 79 Tab.
u. 125 Übungsaufg.
(Studium Technik) Br. EUR 35,90
ISBN 978-3-8348-0216-3

Küveler, Gerd / Schwoch, Dietrich
**Informatik für Ingenieure und
Naturwissenschaftler 1**
Grundlagen, Programmieren mit C/
C++, Großes C/C++-Praktikum
6., überarb. und erw. Aufl. 2009.
ca. X, 337 S. Br. EUR 29,90
ISBN 978-3-8348-0460-0

Meyer, Martin
Signalverarbeitung
Analoge und digitale Signale, Syster
und Filter
5., durchges. Aufl. 2009. V, 324 S. m
157 Abb., 21 Tab.und Online-Service
Br. EUR 29,90
ISBN 978-3-8348-0494-5

Kammeyer, Karl Dirk /
Kroschel, Kristian
Digitale Signalverarbeitung
Filterung und Spektralanalyse
mit MATLAB-Übungen
7. Aufl. 2009. ca. 550 S. mit 312 Abb. u.
33 Tab. Br. ca. EUR 39,90
ISBN 978-3-8348-0610-9

Werner, Martin
**Digitale Signalverarbeitung mit
MATLAB**
Grundkurs mit 16 ausführlichen
Versuchen
4., durchges. u. erg. Aufl. 2009. XII,
294 S. mit 180 Abb. u. 76 Tab. mit
OnlinePLUS Br. EUR 29,90
ISBN 978-3-8348-0457-0

**VIEWEG+
TEUBNER**

Abraham-Lincoln-Straße 46
65189 Wiesbaden
Fax 0611.7878-400
www.viewegteubner.de

Stand Januar 2009.
Änderungen vorbehalten.
Erhältlich im Buchhandel oder im Verlag.

Informationstechnik

Frey, Thomas / Bossert, Martin
Signal- und Systemtheorie
2., korr. Aufl. 2008. XII, 360 S. mit 117 Abb. u. 26 Tab. Br. EUR 34,90
ISBN 978-3-8351-0249-1

Kammeyer, Karl Dirk
Nachrichtenübertragung
4., neu bearb. und erg. Aufl. 2008. XVI, 845 S. mit 468 Abb. u. 35 Tab.
(Informationstechnik) Br. EUR 59,90
ISBN 978-3-8351-0179-1

Girod, Bernd / Rabenstein, Rudolf / Stenger, Alexander K. E.
Einführung in die Systemtheorie
Signale und Systeme in der Elektrotechnik und Informationstechnik
4., durchges. und akt. Aufl. 2007. XII, 433 S. mit 388 Abb. u. 113 Beisp.
sowie über 200 Übungsaufg. Br. EUR 41,90
ISBN 978-3-8351-0176-0

Werner, Martin
Digitale Signalverarbeitung mit MATLAB-Praktikum
Zustandsraumdarstellung, Lattice-Strukturen, Prädiktion und adaptive Filter
2008. X, 222 S. mit 118 Abb., 29 Tab. u. zahlr. Praxisbeisp.
(Studium Technik) Br. EUR 19,90
ISBN 978-3-8348-0393-1

**VIEWEG+
TEUBNER**

Abraham-Lincoln-Straße 46
65189 Wiesbaden
Fax 0611.7878-400
www.viewegteubner.de

Stand Januar 2009.
Änderungen vorbehalten.
Erhältlich im Buchhandel oder im Verlag.

Informationstechnik

Fricke, Klaus
Digitaltechnik
Lehr- und Übungsbuch für
Elektrotechniker und Informatiker
5., verb. u. akt. Aufl. 2007. XII, 318 S.
mit 210 Abb. u. 103 Tab. Br. EUR 26,90
ISBN 978-3-8348-0241-5

Kark, Klaus W.
Antennen und Strahlungsfelde
Elektromagnetische Wellen auf
Leitungen, im Freiraum und ihre
Abstrahlung
2., überarb. u. erw. Aufl. 2006. XVI,
424 S. mit 253 Abb. u. 79 Tab.
u. 125 Übungsaufg.
(Studium Technik) Br. EUR 35,90
ISBN 978-3-8348-0216-3

Küveler, Gerd / Schwoch, Dietrich
Informatik für Ingenieure und Naturwissenschaftler 1
Grundlagen, Programmieren mit C/
C++, Großes C/C++-Praktikum
6., überarb. und erw. Aufl. 2009.
ca. X, 337 S. Br. EUR 29,90
ISBN 978-3-8348-0460-0

Meyer, Martin
Signalverarbeitung
Analoge und digitale Signale, System
und Filter
5., durchges. Aufl. 2009. V, 324 S. m
157 Abb., 21 Tab.und Online-Service
Br. EUR 29,90
ISBN 978-3-8348-0494-5

Kammeyer, Karl Dirk /
Kroschel, Kristian
Digitale Signalverarbeitung
Filterung und Spektralanalyse
mit MATLAB-Übungen
7. Aufl. 2009. ca. 550 S. mit 312 Abb. u.
33 Tab. Br. ca. EUR 39,90
ISBN 978-3-8348-0610-9

Werner, Martin
Digitale Signalverarbeitung mit MATLAB
Grundkurs mit 16 ausführlichen
Versuchen
4., durchges. u. erg. Aufl. 2009. XII,
294 S. mit 180 Abb. u. 76 Tab. mit
OnlinePLUS Br. EUR 29,90
ISBN 978-3-8348-0457-0

VIEWEG+ TEUBNER

Abraham-Lincoln-Straße 46
65189 Wiesbaden
Fax 0611.7878-400
www.viewegteubner.de

Stand Januar 2009.
Änderungen vorbehalten.
Erhältlich im Buchhandel oder im Verlag.